Mikrocomputertechnik mit dem Prozessor 6809 und den Prozessoren 6800 und 6802

Maschinenorientierte Programmierung
Grundlagen, Schaltungstechnik
und Anwendungen

von
Prof. Dipl.-Ing. Günter Schmitt

3. Auflage

Mit 374 Bildern und 25 Tabellen

R. Oldenbourg Verlag München Wien 1994

Die Deutsche Bibliothek – CIP-Einheitsaufnahme

Schmitt, Günter:
Mikrocomputertechnik mit dem Prozessor 6809 un den
Prozessoren 6800 und 6802 : maschinenorientierte
Programmierung ; Grundlagen – Schaltungstechnik –
Anwendungen ; mit 25 Tabellen / von Günter Schmitt. – 3. Aufl.
– München ; Wien : Oldenbourg, 1994
    ISBN 3-486-23103-0

© 1994 R. Oldenbourg Verlag GmbH, München
Nachdruck der 2. Auflage

Gesamtherstellung: R. Oldenbourg Graphische Betriebe GmbH, München

ISBN 3-486-23103-0

Inhaltsverzeichnis

ZN427 A/D

	Pin		Pin	
<- EOC	1	ZN427 A/D	18	D0 ->
-> E	2		17	D1 ->
-> CLK	3		16	D2 ->
-> $\overline{SC}$	4		15	D3 ->
Rext	5		14	D4 ->
-> Analog ein	6		13	D5 ->
-> Vref in	7		12	D6 ->
<- Vref out	8		11	D7 ->
GND	9		10	+5V

6850

	Pin		Pin	
GND	1	6850	24	$\overline{CTS}$ <-
-> RxD	2		23	$\overline{DCD}$ <-
-> RxC	3		22	D0 <->
-> TxC	4		21	D1 <->
<- $\overline{RTS}$	5		20	D2 <->
<- TxD	6		19	D3 <->
<- $\overline{IRQ}$	7		18	D4 <->
-> CS0	8		17	D5 <->
-> $\overline{CS2}$	9		16	D6 <->
-> CS1	10		15	D7 <->
-> RS	11		14	E <-
+5V	12		13	R/$\overline{W}$ <-

2716 EPROM

	Pin		Pin	
-> A7	1	2716 EPROM	24	+5V
-> A6	2		23	A8 <-
-> A5	3		22	A9 <-
-> A4	4		21	Vpp
-> A3	5		20	$\overline{OE}$ <-
-> A2	6		19	A10 <-
-> A1	7		18	$\overline{CE}$ <-
-> A0	8		17	D7 ->
<- D0	9		16	D6 ->
<- D1	10		15	D5 ->
<- D2	11		14	D4 ->
GND	12		13	D3 ->

2016 RAM

	Pin		Pin	
-> A7	1	2016 RAM	24	+5V
-> A6	2		23	A8 <-
-> A5	3		22	A9 <-
-> A4	4		21	$\overline{WE}$ <-
-> A3	5		20	$\overline{OE}$ <-
-> A2	6		19	A10 <-
-> A1	7		18	$\overline{CE}$ <-
-> A0	8		17	D7 <->
<-> D0	9		16	D6 <->
<-> D1	10		15	D5 <->
<-> D2	11		14	D4 <->
GND	12		13	D3 <->

RAM xx256 (32 KByte)	EPROM 27256 (32 KByte)	EPROM 27128 (16 KByte)	RAM xx64 (8 KByte)	EPROM 2764 (8 KByte)	EPROM 2732 (4 KByte)	RAM xx16 (2 KByte)	EPROM 2716 (2 KByte)	Pin	(24)	(24)	Pin	EPROM 2716 (2 KByte)	RAM xx16 (2 KByte)	EPROM 2732 (4 KByte)	EPROM 2764 (8 KByte)	RAM xx64 (8 KByte)	EPROM 27128 (16 KByte)	EPROM 27256 (32 KByte)	RAM xx256 (32 KByte)
A14	Vpp	Vpp		Vpp				1			28				Vcc	Vcc	Vcc	Vcc	Vcc
A12	A12	A12	A12	A12				2			27				PGM	$\overline{WE}$	PGM	A14	$\overline{WE}$
A7	A7	A7	A7	A7	A7	A7	A7	3	(1)	(24)	26					CE2	A13	A13	A13
A6	A6	A6	A6	A6	A6	A6	A6	4	(2)	(23)	25	A8	A8	A8	A8	A8	A8	A8	A8
A5	A5	A5	A5	A5	A5	A5	A5	5	(3)	(22)	24	A9	A9	A9	A9	A9	A9	A9	A9
A4	A4	A4	A4	A4	A4	A4	A4	6	(4)	(21)	23	Vpp	$\overline{WE}$	A11	A11	A11	A11	A11	A11
A3	A3	A3	A3	A3	A3	A3	A3	7	(5)	(20)	22	$\overline{OE}$	$\overline{OE}$	$\overline{OE}$/Vpp	$\overline{OE}$	$\overline{OE}$	$\overline{OE}$	$\overline{OE}$	$\overline{OE}$
A2	A2	A2	A2	A2	A2	A2	A2	8	(6)	(19)	21	A10	A10	A10	A10	A10	A10	A10	A10
A1	A1	A1	A1	A1	A1	A1	A1	9	(7)	(18)	20	$\overline{CE}$	$\overline{CE}$	$\overline{CE}$	$\overline{CE}$	$\overline{CE}$	$\overline{CE}$	$\overline{CE}$	$\overline{CE}$
A0	A0	A0	A0	A0	A0	A0	A0	10	(8)	(17)	19	D7	D7	D7	D7	D7	D7	D7	D7
D0	D0	D0	D0	D0	D0	D0	D0	11	(9)	(16)	18	D6	D6	D6	D6	D6	D6	D6	D6
D1	D1	D1	D1	D1	D1	D1	D1	12	(10)	(15)	17	D5	D5	D5	D5	D5	D5	D5	D5
D2	D2	D2	D2	D2	D2	D2	D2	13	(11)	(14)	16	D4	D4	D4	D4	D4	D4	D4	D4
GND	GND	GND	GND	GND	GND	GND	GND	14	(12)	(13)	15	D3	D3	D3	D3	D3	D3	D3	D3

Vorwort

Die rasche Entwicklung der Mikrocomputertechnik hat mich veranlaßt, meine beiden Bücher "Maschinenorientierte Programmierung für Mikroprozessoren " und "Grundlagen der Mikrocomputertechnik" zu überarbeiten. Hardware, Software und Anwendungen eines Prozessors werden jetzt in einem Band zusammengefaßt. Auf den ersten Band mit dem Prozessor 8085A folgt nun der zweite Band für die Prozessoren 6800, 6802 und 6809. Der Schwerpunkt liegt auf dem modernen Prozessor 6809. Damit sind die Grundlagen für weitere Bände mit den Prozessoren 8086 und 68000 gelegt.

Nach den ersten Lehrjahren gilt es nun, die Mikrocomputertechnik fest in die Ausbildung des technischen Nachwuchses einzubauen. Dieses Buch entstand aus und für meinen Unterricht im Pflichtfach "Mikrocomputertechnik" und in den weiterführenden Wahlpflichtfächern an der Fachhochschule Dieburg. In der Gliederung des Stoffes und in der Auswahl der Beispiele habe ich versucht, einen "Lehrbuchstil" zu finden, wie er sich z.B. auf dem Gebiet der Grundlagen der Elektrotechnik seit langem herausgebildet hat. Der Programmierteil beschäftigt sich ausschließlich mit der maschinenorientierten Programmierung auf Assemblerebene, wie sie für die Programmierung von technischen Anwendungen und in der Systemprogrammierung vorzugsweise verwendet wird.

Auch im Zeitalter der 16- und 32-Bit-Prozessoren haben die "alten" 8-Bit-Prozessoren durchaus noch ihre Berechtigung. Gerade der Prozessor 6809 ist in bestimmten Anwendungen seinen großen Brüdern bezüglich Verarbeitungsgeschwindigkeit und einfacher Handhabung überlegen.

Gleiches gilt auch für die Programmierung im Assembler gegenüber der Arbeit mit höheren Programmiersprachen. Gerade die Grundlagenausbildung im Fach "Mikrocomputertechnik" sollte auch weiterhin auf dieser Ebene erfolgen, auf der der Zusammenhang zwischen Hardware und Software unmittelbar zu sehen ist.

Ich bedanke mich bei meinen Studenten für die vielen Fragen und Fehler, die viel zu einer besonders eingehenden Darstellung wichtiger und schwieriger Fragen beigetragen haben. Dem Oldenbourg Verlag danke ich für die gute Zusammenarbeit und bei meiner Familie entschuldige ich mich, daß ich trotz aller Beteuerungen noch ein Buch geschrieben habe.

Günter Schmitt

1 Einführung

Dieser Abschnitt gibt Ihnen einen zusammenfassenden Überblick über die Anwendung, den Aufbau und die Programmierung von Mikrorechnern, neudeutsch auch Mikrocomputer genannt. In den Fällen, in denen die deutsche Fachsprache noch keine eigenen Ausdrücke gebildet hat, mußten die amerikanischen Bezeichnungen übernommen werden. Dabei wurde versucht, zusätzlich einen entsprechenden deutschen Ausdruck zu finden. Diese Einführung sowie die Abschnitte Grundlagen und Hardware (3.1 und 3.2) sind nicht auf einen bestimmten Mikroprozessor zugeschnitten.

1.1 Anwendung von Mikrorechnern

Der Mikrorechner hat zwei Ahnen: die hochintegrierte Logikschaltung des Taschenrechners und die Großrechenanlage, Computer genannt. Auf einer Fläche von etwa 20 bis 50 Quadratmillimetern lassen sich heute mehr als 100 000 Schaltfunktionen unterbringen. Und dies in großen Stückzahlen zu niedrigen Preisen. Ähnlich wie bei einem Großrechner sind auch die Funktionen des Mikrorechners programmierbar. Was die Schaltung, die Hardware, tun soll, bestimmt ein Programm, die Software. Dadurch erst lassen sich die Bausteine universell einsetzen.

Heute unterscheidet man hauptsächlich zwei große Einsatzgebiete:

Mikrorechner in der technischen Anwendung steuern z.B. Drucker, elektronische Schreibmaschinen, Kopierautomaten, Telefonvermittlungen und Fertigungsanlagen. Durch den Einsatz von Mikrorechnern werden die Geräte kleiner und billiger und können mehr und "intelligentere" Funktionen übernehmen.

Mikrorechner werden in zunehmendem Maße als Klein-EDV-Anlagen eingesetzt und übernehmen damit Aufgaben ihres großen Bruders, des Großrechners. Die elektronische Datenverarbeitung, kurz EDV genannt, hält dadurch ihren Einzug als Personal-Computer oder Hobby-Computer in jeden Haushalt. Ob dies sinnvoll ist, darüber kann man geteilter Meinung sein; die Anwendung von Mikrorechnern zur Textverarbeitung oder Buchführung in Büros und kleineren Betrieben hat sich heute durchgesetzt. Der Text dieses Buches wurde mit Hilfe eines Mikrorechners am Bildschirm entworfen und korrigiert.

1.2   Aufbau und Bauformen von Mikrorechnern

Was ist allen Mikrorechnern in den verschiedenen Einsatzgebieten gemeinsam? Von der Funktion her gesehen sind es zunächst programmierbare Rechner. In einem Programmspeicher befindet sich eine Arbeitsvorschrift, das Programm. Bei einem Typenraddrucker z.b. gibt das Programm dem Hammer genau dann einen Ausgabebefehl, wenn der richtige Buchstabe des Rades am Papier vorbeikommt. Bei einem Abrechnungsprogramm z.b. enthält das Programm Rechenbefehle, die aus der Menge und dem Einzelpreis den Gesamtpreis berechnen. Der Datenspeicher enthält die zu verarbeitenden Daten. Im Beispiel eines Druckers sind es die auszugebenden Buchstaben und Ziffern, im Beispiel des Abrechnungsprogramms sind es Artikelbezeichnungen und Zahlen. In der Speichertechnik unterscheidet man Festwertspeicher und Schreib/Lesespeicher. Festwertspeicher behalten ihren Speicherinhalt unabhängig von der Versorgungsspannung. Sie können im Betrieb nur gelesen werden. Die Steuerprogramme für Geräte und kleine Anlagen werden hauptsächlich in Festwertspeichern untergebracht. Schreib/Lesespeicher verlieren ihren Speicherinhalt beim Abschalten der Versorgungsspannung; sie können aber während des Betriebes sowohl gelesen als auch neu beschrieben werden. Sie werden vorzugsweise für die Speicherung der Daten verwendet. Klein-EDV-Anlagen werden in den meisten Fällen mit magnetischen Speichern (Disketten- oder Floppy-Laufwerken) ausgerüstet, von denen man Anwendungsprogramme (z.B. Buchführungsprogramme) und Daten (z.B. Adressen der Kunden) in den Schreib/Lesespeicher lädt.

Der Mikroprozessor ist die Zentraleinheit, die das Programm ausführt und die Daten verarbeitet. Die Befehle werden in einer bestimmten Reihenfolge aus dem Programmspeicher in das Steuerwerk des Prozessors geholt. Das Rechenwerk verarbeitet die Daten, indem es z.b. den auszugebenden Buchstaben mit dem augenblicklichen Stand des Typenrades vergleicht oder bei einem Abrechnungsprogramm Zahlen addiert und subtrahiert.

Ein/Ausgabeschaltungen, auch Schnittstellen genannt, verbinden den Mikrorechner mit seiner Umwelt, der Peripherie. Im Beispiel des Typenraddruckers muß der Rechner, natürlich im richtigen Zeitpunkt, dem Magneten des Hammers einen Impuls geben. Bei einem Abrechnungsprogramm müssen z.B. von der Bedienungstastatur Zahlen eingelesen werden. Ein/Ausgabeschaltungen dienen hauptsächlich zur Übertragung von Daten.

Bild 1-1 zeigt zusammenfassend die wichtigsten Funktionseinheiten eines Mikrorechners. Der Großrechner hat prinzipiell den gleichen Aufbau. Die Entwicklung scheint heute dahin zu gehen, daß die mit einem Mikrorechner ausgerüstete Klein-EDV-Anlage den Großrechner bei vielen Anwendungen verdrängt.

```
                          ┌─────────────────┐
                          │   Peripherie    │
                          └─────────────────┘
                             ↑  ↑ │ │ ↓ ↓
┌──────────────────────────────────────────────────────────┐
│                                                            │
│  ┌──────────────┐   ┌──────────────┐   ┌──────────────┐   │
│  │ Programm-    │   │ Daten-       │   │ Ein/Ausgabe  │   │
│  │ Speicher     │   │ Speicher     │   │ (Peripherie- │   │
│  │              │   │              │   │ Baustein)    │   │
│  └──────────────┘   └──────────────┘   └──────────────┘   │
│         │              │                   │               │
│         ↓              └──────┐            ↓               │
│  ┌────────────────────────┬──────────────────────────┐   │
│  │   S t e u e r w e r k   │  R e c h e n w e r k     │   │
│  ├────────────────────────┴──────────────────────────┤   │
│  │        M i k r o p r o z e s s o r                 │   │
│  └────────────────────────────────────────────────────┘   │
│                                                            │
└──────────────────────────────────────────────────────────┘
```

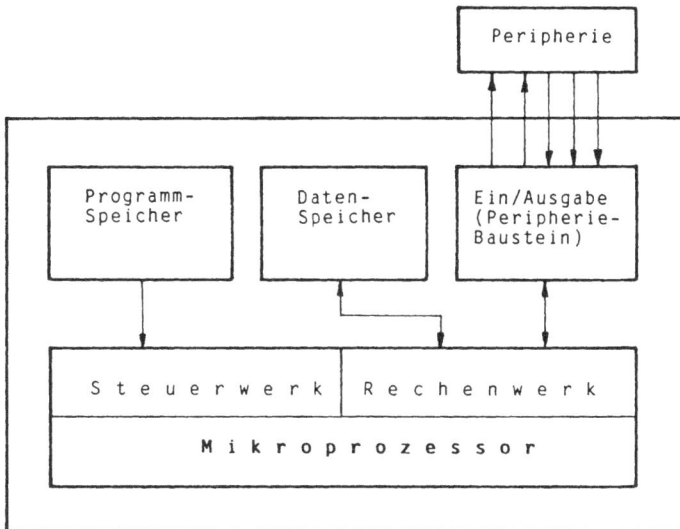

Bild 1-1: Aufbau eines Mikrorechners

Mikrorechner bestehen im wesentlichen aus dem Mikroprozessor, Programm-
und Datenspeichern sowie Ein/Ausgabeschaltungen für die Verbindung zur
Peripherie. Man unterscheidet folgende Bauformen:

Single-Chip-Mikrocomputer (Ein-Baustein-Mikrorechner) enthalten alle Funk-
tionseinheiten (Prozessor, Speicher und Ein/Ausgabeschaltungen) auf einem
Baustein der .Größe 15 mal 50 mm. Das Programm besteht aus etwa 1000
Befehlen und befindet sich in einem Festwertspeicher auf dem Baustein. Der
Schreib/Lesespeicher kann etwa 100 Daten (Zeichen oder Zahlen) aufnehmen.
An den Anschlußbeinchen (ca. 40) stehen nur die Ein/Ausgabeleitungen für die
Peripherie zur Verfügung. Ein derartiger Baustein kostet zwischen 10 und 100
DM. Der Ein-Baustein-Mikrorechner wird vorzugsweise für die Steuerung von
kleineren Geräten (z.B. einfachen Druckern oder Meßgeräten) bei großen
Stückzahlen eingesetzt, bei denen es auf geringe Abmessungen ankommt. Man
kann ihn mehr als intelligenten Steuerbaustein denn als Rechner betrachten.

Single-Board-Mikrocomputer (Ein-Platinen-Mikrorechner) enthalten alle Funktionseinheiten eines Mikrorechners aufgebaut aus mehreren Bausteinen auf
einer Leiterplatte. Im einfachsten Fall enthält eine Platine im Europaformat
(100 x 160 mm) also einen Mikroprozessor z.B. vom Typ 6809, einen Festwert-
Speicherbaustein mit dem Programm, einen Schreib/Lese-Speicherbaustein für
die veränderlichen Daten und einige Ein/Ausgabebausteine für den Peripherie-

anschluß. Die Verbindungsleitungen, auf denen die Befehle und Daten zwischen den Bausteinen übertragen werden, bezeichnet man als Bus. Die Bausteine kosten zusammen ca. 50 DM, die Leiterplatte zwischen 50 und 200 DM. Dazu kommen die Kosten für das Programm und für die Peripherie. Das Haupteinsatzgebiet der Ein-Platinen-Mikrorechner liegt in der Steuerung von größeren Geräten wie z.B. elektronischen Schreibmaschinen oder Hobby-Computern. Die Entwicklung des Gerätes umfaßt den Entwurf des Rechners (Hardware), des Programms (Software) und die Anpassung an die Peripherie.

Bauplatten-Mikrocomputer bestehen aus mehreren Karten, meist im Europaformat, die in einem Rahmen zusammengesteckt werden. Hier teilt man den Mikrorechner auf in eine Prozessorkarte, Speicherkarten für Festwertspeicher, Speicherkarten für Schreib/Lesespeicher und Peripheriekarten für die Datenübertragung. Sein Haupteinsatzgebiet sind die Klein-EDV-Anlagen (Personal-Computer, Büro-Computer), die sich durch Einfügen neuer Karten leicht erweitern oder durch den Austausch defekter Karten schnell reparieren lassen. Für die Anwendung im technischen Bereich zur Steuerung von größeren Geräten und Anlagen werden von verschiedenen Herstellern Bauplattensysteme angeboten. Bei einem aus Bauplatten zusammengestellten Mikrorechner entfällt der größte Teil der Hardwareentwicklung, und die Entwicklung des Programms, der Software, kann sofort beginnen. Bei steigenden Stückzahlen kann es wirtschaftlich sein, bei unverändertem Programm aus einem Bauplatten-Mikrorechner einen maßgeschneiderten Ein-Karten-Mikrorechner zu entwickeln.

1.3   Die Programmierung von Mikrorechnern

Die sogenannten Maschinenbefehle im Programmspeicher des Mikrorechners sind binär verschlüsselt, d.h. sie bestehen nur aus Nullen und Einsen. In Programmlisten bedient man sich der kürzeren hexadezimalen Schreibweise, die jeweils vier Binärzeichen durch ein neues Zeichen ersetzt. Da diese Art der Programmdarstellung sehr unanschaulich ist, benutzt man beim Programmieren Sprachen, als wolle man mit dem Rechner "reden". Dabei unterscheidet man maschinennahe Sprachen, den Assembler, und aufgabennahe "höhere" Sprachen wie z.B. BASIC.

Bei der Programmierung von Problemen der Datenübertragung sind sehr genaue Kenntnisse über den Aufbau des Mikroprozessors und der Ein/Ausgabebausteine erforderlich. Hier bevorzugt man die maschinennahe Assemblersprache, die aus leicht merkbaren Abkürzungen besteht. Ein Assemblerbefehl entspricht einem Maschinenbefehl. Da jeder Mikroprozessor einen eigenen Befehls- und Registersatz hat, gibt es für jeden Prozessortyp eine eigene Assemblersprache, so daß sich im Assembler geschriebene Programme nicht zwischen verschiedenen Prozessortypen austauschen lassen. Die Programmierung im Assembler ist sehr zeitaufwendig, ergibt aber schnelle und kurze Programme.

Bei der Programmierung von EDV-Problemen wie z.B. einer Adressenverwaltung bevorzugt man "höhere" Programmiersprachen, die z.T. der Formel- und Algorithmenschreibweise der Mathematik entsprechen. Ein Algorithmus ist die mathematische Beschreibung eines Lösungsverfahrens. Ein Übersetzungsprogramm (Interpretierer oder Compiler) wandelt einen Befehl in mehrere Maschinenbefehle um. Die Programmierung in einer höheren problemorientierten Sprache erfordert keine Kenntnisse über den Aufbau und die Funktion des Mikrorechners und seiner Bausteine, die Programme sind zwischen verschiedenen Rechnern austauschbar. Sie sind jedoch länger und langsamer als entsprechende Assemblerprogramme.

Bild 1-2 zeigt einige Beispiele für Befehle in verschiedenen Darstellungen. Sie sind jedoch nicht miteinander vergleichbar, da z.B. der BASIC-Befehl zum Wurzelziehen im Assembler nur mit sehr hohem Aufwand programmiert werden kann.

Befehl binär	1011011001000111000010001
Befehl hexadezimal	B6 47 11
Assembler-Befehl	LDA WERT
BASIC-Befehl	LET WERT = 13

Bild 1-2:   Beispiele für verschiedene Befehlsarten

Mikrorechner in der technischen Anwendung werden vorzugsweise im Assembler oder in besonders auf technische Probleme zugeschnittenen Sprachen programmiert. In der Anwendung als Klein-EDV-Anlage bevorzugt man problemnahe Sprachen wie z.B. BASIC und greift bei der Datenübertragung auf Systemprogramme zurück, die mit der Anlage vom Hersteller geliefert werden und im Assembler geschrieben sind. Die Systemprogramme, die zum Betrieb eines Rechners erforderlich sind, bezeichnet man auch als Betriebssystem.

Dieses Buch beschäftigt sich ausschließlich mit der maschinenorientierten Programmierung im Assembler der Prozessoren 6800, 6802 und 6809, die miteinander "verwandt" sind, so daß sie in einem Buch zusammengefaßt werden konnten. Programme der Prozessoren 6800 und 6802 laufen mit geringen Änderungen auch auf dem Prozessor 6809; umgekehrt jedoch nicht. **Bild 1-3** faßt die wichtigsten Erkenntnisse dieser Einführung zusammen.

Mikrorechner-Hardware	Mikrorechner-Anwendungen	Mikrorechner-Software
Ein-Baustein- oder Kleinstsystem	Kleingeräte Meßgeräte Drucker	Assembler
Ein-Karten- System	Größere Geräte Schreibmaschine Tischcomputer	Assembler BASIC
Bauplatten- System	Prozeßrechner Klein-EDV- Anlagen	Assembler PASCAL BASIC

Bild 1-3: Anwendung, Bauformen und Programmierung von Mikrorechnern

Der Mikroprozessor ist die Zentraleinheit des Mikrorechners. Je nach Zahl der Datenleitungen unterscheidet man hauptsächlich 4-Bit-Prozessoren für einfache Steuerungsaufgaben, 8-Bit-Prozessoren für allgemeine Anwendungen, 16-Bit-Prozessoren für Klein-EDV-Anlagen und Prozeßrechner und 32-Bit-Prozessoren, die in den kommenden Jahren als "mittlere" Großrechner Verwendung finden werden. Zu jedem Mikroprozessor liefern die Hersteller eine Reihe von Peripheriebausteinen wie z.B. Parallelschnittstellen und Serienschnittstellen, die zusammen mit dem Prozessor eine "Bausteinfamilie" bilden. Die Speicherbausteine sind weitgehend prozessorunabhängig.

Die "höheren" Programmiersprachen (BASIC, FORTRAN und PASCAL) sind unabhängig von einem bestimmten Rechner definiert, sie können auch für Großrechner verwendet werden; die Anpassung an die Maschine übernimmt ein Übersetzungsprogramm (Interpretierer oder Compiler). Die Assemblersprache ist immer auf einen bestimmten Prozessor und damit auf einen bestimmten Maschinentyp zugeschnitten.

2 Grundlagen

Dieser Abschnitt ist für Leser ohne Vorkenntnisse gedacht, die ohne begleitenden Unterricht arbeiten. Wer bereits mit den Grundlagen der Datenverarbeitung und Digitaltechnik vertraut ist, kann diesen Abschnitt überschlagen.

2.1 Darstellung der Daten im Mikrorechner

Daten sind Zahlen (z.B. Meßwerte), Zeichen (z.B. Buchstaben) oder analoge Signale (z.B. Spannungen). Sie werden im Rechner binär gespeichert und verarbeitet. Binär heißt zweiwertig, es sind also nur zwei Zustände entsprechend **Bild 2-1** erlaubt:

```
              wahr   -   falsch

      Schalter ein   -   Schalter aus

   hohes Potential   -   niedriges Potential

   HIGH-Potential    -   LOW-Potential
```

Bild 2-1: Binäre Zustände

Die Datenverarbeitung bezeichnet die beiden Zustände mit den Ziffern Null und Eins. In der Digitaltechnik wird ein niedriges Potential zwischen 0 und 0,8 Volt als **LOW** bezeichnet; ein hohes Potential zwischen 2 und 5 Volt heißt **HIGH** .

Eine Speicherstelle, die eines der beiden Binärzeichen enthält, nennt man ein Bit. Acht Bits, also acht Speicherstellen, bilden ein Byte. Weitere Einheiten entsprechend **Bild 2-2** sind das Kilobyte für 1024 Bytes und das Megabyte für 1024 Kilobytes.

```
     Bit    = Speicherstelle mit 0 oder 1

     Byte   = Speicherwort aus acht Bits

Kilobyte    = 1024 Bytes

Megabyte    = 1024 Kilobyte = 1 048 576 Bytes
```

Bild 2-2: Speichereinheiten

Für die Darstellung von Zahlen gibt es zwei Möglichkeiten: die BCD-Codierung und die duale Zahlendarstellung.

BCD bedeutet Binär Codierte Dezimalziffer. Jede Dezimalziffer wird entsprechend **Bild 2-3** binär verschlüsselt (codiert). Dabei bleibt jedoch die Zahl im dezimalen Zahlensystem erhalten.

Ziffer	Code	Beispiel:
0	0000	
1	0001	Dezimalzahl 123 = 000100100011
2	0010	
3	0011	Ziffer 1 0001
4	0100	
5	0101	Ziffer 2 0010
6	0110	
7	0111	Ziffer 3 0011
8	1000	
9	1001	

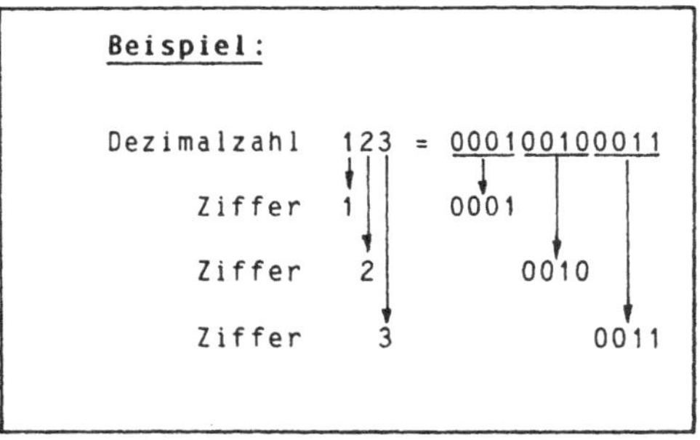

Bild 2-3: BCD-Codierung

Das duale Zahlensystem kennt nur die beiden Ziffern 0 und 1. Die Dezimalzahl 123 lautet in dieser Darstellung 01111011. Da wir unsere Daten dezimal eingeben und auch die Ergebnisse dezimal erwarten, ist bei der dualen Speicherung von Zahlen im Rechner eine Umwandlung der Zahlen erforderlich.

Für die binäre Darstellung von Zeichen verwendet man Codes, mit denen man alle Buchstaben, Ziffern und Sonderzeichen der Schreibmaschinentastatur darstellen kann. **Bild 2-4** zeigt einen Ausschnitt aus dem in der Mikrorechnertechnik vorwiegend verwendeten ASCII-Code. Der Anhang enthält die vollständige Tabelle.

Buchstaben	Ziffern	Sonderzeichen
A = 01000001	0 = 00110000	! = 00100001
B = 01000010	1 = 00110001	" = 00100010
C = 01000011	2 = 00110010	# = 00100011
D = 01000100	3 = 00110011	$ = 00100100
E = 01000101	4 = 00110100	% = 00100101
F = 01000110	5 = 00110101	& = 00100110
.	.	.
.	.	.

Bild 2-4: ASCII-Codierung

ASCII ist eine Abkürzung aus dem Amerikanischen und bedeutet frei übersetzt: Amerikanischer Normcode für den Austausch von Nachrichten. Er wurde ursprünglich für den Fernschreibverkehr verwendet. Zu den sieben Bits des eigentlichen Zeichens fügt man oft ein achtes Bit als Kontrollbit hinzu. Damit kann ein Byte genau ein Zeichen speichern. Der Code ist regelmäßig aufgebaut. Die letzten vier Bits der Ziffercodierung z.B. entsprechen dem BCD-Code.

Analoge Signale (Spannungen und Ströme) werden durch Wandlerbausteine in binäre Werte umgesetzt. Sie finden besondere Anwendung in der Meßtechnik. Der Abschnitt 7 zeigt die Verarbeitung analoger Daten.

2.2 Zahlensysteme und Umrechnungsverfahren

Dezimal	Dual	Aufbau der Dualzahl
0	0000	0 + 0 + 0 + 0 = 0
1	0001	0 + 0 + 0 + 1 = 1
2	0010	0 + 0 + 2 + 0 = 2
3	0011	0 + 0 + 2 + 1 = 3
4	0100	0 + 4 + 0 + 0 = 4
5	0101	0 + 4 + 0 + 1 = 5
6	0110	0 + 4 + 2 + 0 = 6
7	0111	0 + 4 + 2 + 1 = 7
8	1000	8 + 0 + 0 + 0 = 8
9	1001	8 + 0 + 0 + 1 = 9

Bild 2-5: Die ersten neun Dualzahlen

Der einfachste Weg zu den Dualzahlen führt über das Zählen. Die Zahlen 0 und 1 sind im dezimalen und im dualen Zahlensystem gleich. Da damit im Dualsystem der Wertevorrat erschöpft ist, rückt man eine Stelle nach links, und es ergibt sich die Dualzahl 10 für die dezimale 2. **Bild 2-5** zeigt die ersten neun Dualzahlen nach der Zählmethode. Sie entsprechen den BCD-Codierungen.

Im Dezimalsystem läßt man führende Nullen fort. Da die Rechentechnik mit einer festen Stellenzahl arbeitet, müssen führende Nullen entsprechend der Zahl der Stellen mitgeführt werden, denn den binären Wert "leer" gibt es nicht. Für die Umwandlung größerer Zahlen gibt es Verfahren, die sich aus dem Aufbau der Zahlensysteme herleiten lassen.

Das dezimale Zahlensystem verwendet die zehn Ziffern von 0 bis 9. Der Wert einer Ziffer hängt von der Stelle ab, an der sie steht. **Bild 2-6** zeigt als Beispiel den Aufbau der Dezimalzahl 123.

$$
\begin{aligned}
\text{dezimal} \quad 123 &= 1 \cdot 10^2 + 2 \cdot 10^1 + 3 \cdot 10^0 \\
&= 100 \quad + 20 \quad + 3 \\
&= 123
\end{aligned}
$$

Bild 2-6: Aufbau der Dezimalzahl 123

Die Wertigkeiten der Stellen sind Potenzen zur Basis 10. Multipliziert man jede Ziffer mit ihrer Wertigkeit und addiert man die Produkte, so ergibt sich wieder die ursprüngliche Zahl.

Das duale Zahlensystem verwendet die beiden Ziffern 0 und 1. Daher sind die Wertigkeiten der Dualstellen Potenzen zur Basis 2. **Bild 2-7** zeigt als Beispiel die Umrechung der Dualzahl 01111011 in eine Dezimalzahl und die Umwandlungsregel.

$$
\begin{aligned}
\underline{\text{dual}} \quad 01111011 &= 0 \cdot 2^7 + 1 \cdot 2^6 + 1 \cdot 2^5 + 1 \cdot 2^4 + 1 \cdot 2^3 + 0 \cdot 2^2 + 1 \cdot 2^1 + 1 \cdot 2^0 \\
&= 0 \quad + 64 \quad + 32 \quad + 16 \quad + 8 \quad + 0 \quad + 2 \quad + 1 \\
&= 123 \ \underline{\text{dezimal}}
\end{aligned}
$$

$$\underline{\text{Umwandlungsregel}}$$

Die Dualstellen sind mit ihrer Wertigkeit zu multiplizieren. Die Produkte ergeben addiert die Dezimalzahl.

Bild 2-7: Umwandlung einer Dualzahl in eine Dezimalzahl

Will man umgekehrt eine Dezimalzahl in eine Dualzahl umrechnen, so ist sie in Zweierpotenzen zu zerlegen. **Bild 2-8** zeigt als Beispiel die Umwandlung der Dezimalzahl 123 in eine achtstellige Dualzahl und die Umwandlungsregel (Divisionsrestverfahren).

```
dezimal  123 : 2 = 61 Rest 1 ──────┐      oder 123 = 2·61 + 1
          61 : 2 = 30 Rest 1 ─────┐│      oder  61 = 2·30 + 1
          30 : 2 = 15 Rest 0 ────┐││      oder  30 = 2.15 + 0
          15 : 2 =  7 Rest 1 ───┐│││      oder  15 = 2·7  + 1
           7 : 2 =  3 Rest 1 ──┐││││      oder   7 = 2·3  + 1
           3 : 2 =  1 Rest 1 ─┐│││││      oder   3 = 2·1  + 1
           1 : 2 =  0 Rest 1┐ ││││││      oder   1 = 2·0  + 1
           0 : 2 =  0 Rest 0│ ││││││      oder   0 = 2·0  + 0
                            ↓ ↓↓↓↓↓↓
           Dualzahl   01111011

           Umwandlungsregel

           Die Dezimalzahl wird laufend durch die
           Zahl 2 dividiert, bis das Ergebnis 0
           ist. Die Reste (0 oder 1) ergeben die
           Dualstellen. Bei der ersten Division
           entsteht die wertniedrigste Stelle, bei
           der letzten Division entsteht die wert-
           höchste Stelle der Dualzahl.
```

Bild 2-8: Umwandlung einer Dezimalzahl in eine Dualzahl

```
            + 123 dezimal   =  01111011  dual

            komplementieren :  10000100

            1 addieren      :       + 1
                               ─────────
            - 123 dezimal   =  10000101  dual


            Umwandlungsregel

            Die positive Dualzahl wird mit führenden
            Nullen versehen und Stelle für Stelle
            komplementiert (aus 0 mach 1 und aus 1
            mach 0). Dann ist eine 1 zu addieren.
            Eine negative Dualzahl enthält immer ei-
            ne 1 in der höchsten Bitposition.
```

Bild 2-9: Bildung negativer Dualzahlen

Es lassen sich auch negative Dualzahlen bilden. Von den verschiedenen Mög-lichkeiten soll nur die bei Mikrorechnern gebräuchliche Darstellung im Zweier-

Komplement erwähnt werden. Zur Bildung einer negativen Dualzahl wird der
positive Wert Stelle für Stelle komplementiert (ergänzt), und es wird zusätzlich eine 1 addiert. **Bild 2-9** zeigt ein Beispiel und die Umwandlungsregel.

Aus einer negativen Dualzahl wird durch Rückkomplementieren nach dem gleichen Verfahren wieder eine positive Dualzahl, denn eine doppelte Verneinung
hebt sich auf. Man beachte, daß bei vorzeichenbehafteten Dualzahlen die ganz
links stehende Stelle nicht mehr Bestandteil der Zahl ist, sondern das Vorzeichen darstellt. Eine 0 bedeutet positiv, eine 1 negativ.

Beim Programmieren und bei der Eingabe und Ausgabe von Daten arbeitet
man normalerweise im dezimalen Zahlensystem; zur Zahlenumwandlung gibt es
fertige Systemprogramme oder Tabellen. Bei der Entwicklung von Hardware
und bei der Fehlersuche in Programmen kann es jedoch vorkommen, daß sich
der Entwickler mit Speicherinhalten beschäftigen muß. Diese werden in der
Regel nicht binär, so wie sie im Speicher stehen, sondern hexadezimal ausgegeben. Das hexadezimale Zahlensystem entsteht durch Zusammenfassung von
vier Dualstellen zu einem neuen Zeichen. Entsprechend **Bild 2-10** verwendet
es die Ziffern 0 bis 9 und zusätzlich die Buchstaben A bis F.

Dual	Hexadezimal	Dezimal
0000	0	0
0001	1	1
0010	2	2
0011	3	3
0100	4	4
0101	5	5
0110	6	6
0111	7	7
1000	8	8
1001	9	9
1010	A	10
1011	B	11
1100	C	12
1101	D	13
1110	E	14
1111	F	15

Bild 2-10: Die 16 Hexadezimalziffern von 0 bis F

Die Dezimalzahl 123 lautet als achtstellige Dualzahl 01111011 und als zweistellige Hexadezimalzahl 7B. Das hexadezimale Zahlensystem hat 16 Ziffern;
die Wertigkeiten der Stellen sind Potenzen zur Basis 16. In den Umrechnungs-
verfahren der Bilder 2-7 und 2-8 ist anstelle der 2 die 16 zu setzen. Auch
binäre Speicherinhalte, die keine Dualzahlen sind wie z.B. Befehle oder
Zeichencodierungen, werden ebenfalls kürzer hexadezimal ausgegeben. Der
Buchstabe A ist entsprechend Bild 2-4 binär 01000001 hexadezimal 41.

2.3 Rechenschaltungen

Die Boolsche Algebra der Mathematik arbeitet mit den beiden (binären) logischen Zuständen "wahr" und "falsch". Die Digitaltechnik entwickelte daraus die Schaltalgebra. Sie bildet die Grundlage für das Rechnen mit Dualzahlen und binär codierten Daten. **Bild 2-11** faßt die wichtigsten logischen Funktionen zusammen.

Name	JA	NICHT (NOT)	UND (AND)	ODER (OR)	EODER (XOR)	NICHT UND (NAND)	NICHT ODER (NOR)
Tabelle	X | Z 0 | 0 1 | 1	X | Z 0 | 1 1 | 0	X | Y | Z 0 | 0 | 0 0 | 1 | 0 1 | 0 | 0 1 | 1 | 1	X | Y | Z 0 | 0 | 0 0 | 1 | 1 1 | 0 | 1 1 | 1 | 1	X | Y | Z 0 | 0 | 0 0 | 1 | 1 1 | 0 | 1 1 | 1 | 0	X | Y | Z 0 | 0 | 1 0 | 1 | 1 1 | 0 | 1 1 | 1 | 0	X | Y | Z 0 | 0 | 1 0 | 1 | 0 1 | 0 | 0 1 | 1 | 0
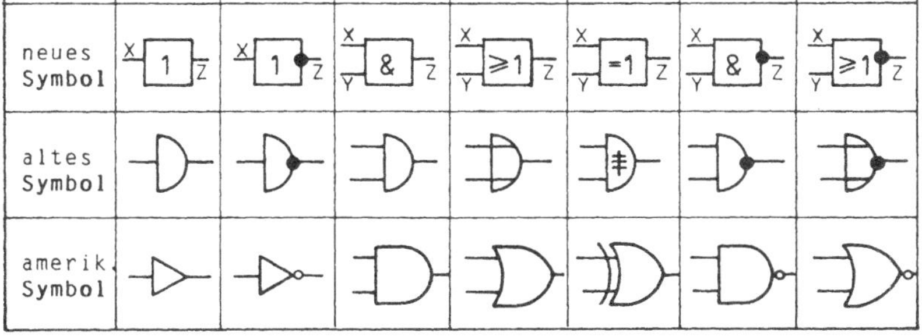 neues Symbol							
altes Symbol							
amerik. Symbol							

Bild 2-11: Logische Grundfunktionen

Die **JA-Schaltung** zeigt an ihrem Ausgang immer den am Eingang anliegenden Zustand. Sie wird als Verstärker oder Treiber verwendet.

Die **NICHT-Schaltung** verneint oder negiert den am Eingang anliegenden Zustand. Sie wird zur Bildung des Komplementes bei der Darstellung negativer Zahlen verwendet.

Die **UND-Schaltung** hat nur dann am Ausgang eine 1, wenn beide Eingänge 1 sind. Dies gilt auch für UND-Schaltungen mit mehr als zwei Eingängen. Die UND-Schaltung bildet das logische Produkt nach dem kleinen Einmaleins der Dualzahlen.

Die **ODER-Schaltung** hat nur dann am Ausgang eine 0, wenn beide Eingänge 0 sind. Dies gilt auch für ODER-Schaltungen mit mehr als zwei Eingängen. Die ODER-Schaltung bildet die logische Summe, die jedoch für den Fall 1 + 1 = 10 korrigiert werden muß, da sich ein Übertrag auf die nächste Stelle ergibt.

Die **EODER-Schaltung** hat nur dann am Ausgang eine 0, wenn beide Eingänge gleich sind, also beide 0 oder beide 1. EODER bedeutet "Entweder oder, aber nicht alle beide ". Die EODER-Schaltung bildet die logische Differenz, bei der für den Fall 0 - 1 = 1 von der folgenden Stelle geborgt werden muß.

Die NICHT-UND- und die NICHT-ODER-Schaltungen entstehen durch eine zusätzliche Verneinung am Ausgang der UND- bzw. ODER-Schaltung. Die amerikanischen Bezeichnungen **NAND** für NOT-AND und **NOR** für NOT-OR sind bereits Bestandteil der deutschen Fachsprache geworden.

Für die Addition zweier Dualstellen ist eine Schaltung erforderlich, an deren Eingängen die beiden Dualstellen anliegen und an deren Ausgängen die einstellige Summe und der Übertrag auf die nächste Stelle erscheinen. **Bild 2-12** zeigt die Wertetabelle und die Schaltung eines Halbaddierers.

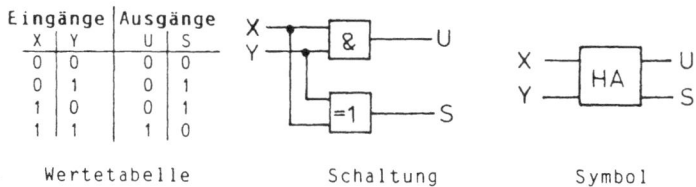

Eingänge		Ausgänge	
X	Y	U	S
0	0	0	0
0	1	0	1
1	0	0	1
1	1	1	0

Wertetabelle   Schaltung   Symbol

Bild 2-12: Halbaddierer

Ein Vergleich mit den Wertetabellen der logischen Grundfunktionen zeigt, daß die EODER-Schaltung die Summe und die UND-Schaltung den Übertrag bildet. Auf einen systematischen Entwurf einer logischen Schaltung aus der Wertetabelle kann an dieser Stelle nicht eingegangen werden. Der Halbaddierer eignet sich nur zur Addition der wertniedrigsten (letzten) Stellen zweier Dualzahlen, da bei allen folgenden Stellen ein Übertrag der vorhergehenden Stelle mit berücksichtigt werden muß. **Bild 2-13** zeigt die Wertetabelle und die Schaltung eines Volladdierers, der drei Eingänge und zwei Ausgänge hat.

Der erste Halbaddierer addiert die beiden Dualstellen X und Y. Die Zwischensumme läuft mit dem Übertrag UV der vorhergehenden Stelle über den zweiten Halbaddierer und bildet die Ergebnissumme S. Eine ODER-Schaltung addiert die beiden Teilüberträge der Halbaddierer zum Gesamtübertrag UN, der an den nächsten Volladdierer weiter zu reichen ist. **Bild 2-14** zeigt die Schaltung eines Addierwerkes aus acht Volladdierern, das zwei achtstellige Dualzahlen addieren kann, die parallel auf je acht Leitungen am Eingang ankommen.

Eingänge			Ausgänge	
X	Y	UV	UN	S
0	0	0	0	0
0	0	1	0	1
0	1	0	0	1
0	1	1	1	0
1	0	0	0	1
1	0	1	1	0
1	1	0	1	0
1	1	1	1	1

Wertetabelle   Schaltung   Symbol

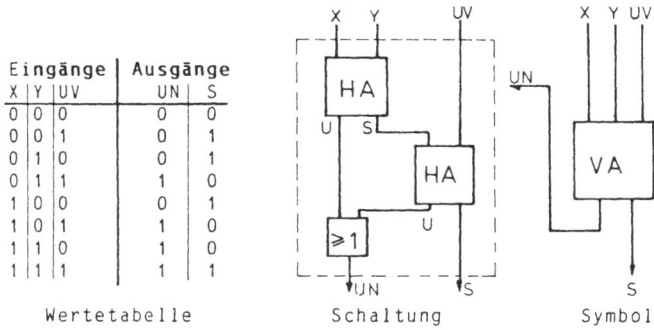

Bild 2-13: Volladdierer

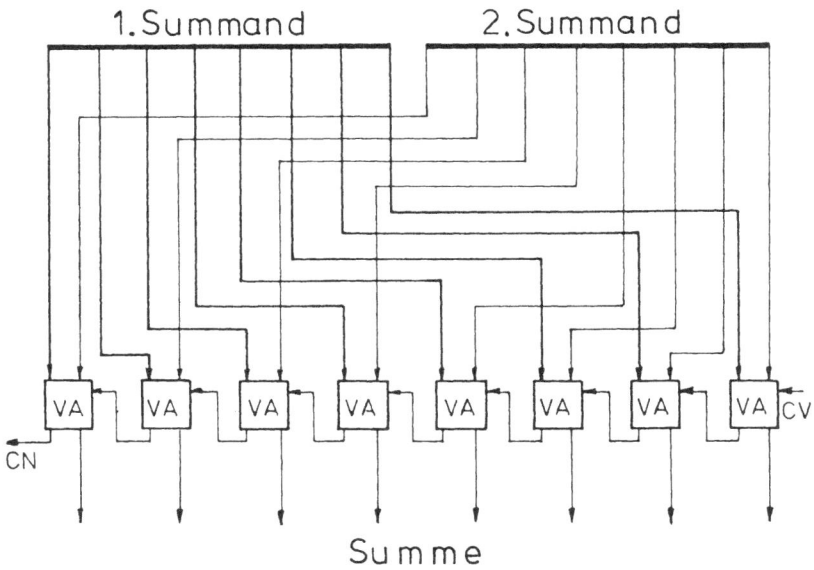

1.Summand   2.Summand

Summe

Bild 2-14: Achtstelliger Paralleladdierer

Der Übertragsausgang des werthöchsten Volladdierers wird mit C für Carry = Übertrag bezeichnet. Ist C = 1, so ist bei der Addition zweier achtstelliger Dualzahlen eine neunte Stelle entstanden. Dies kann als Fehleranzeige dienen, da der zulässige Zahlenbereich überschritten wurde. Der Addierer kann auch subtrahieren, wenn man die abzuziehende Dualzahl vorher mit einer NICHT-Schaltung komplementiert und zusätzlich über den Übertrageingang des wertniedrigsten Volladdierers eine 1 addiert. Die Subtraktion wird auf die Addition der negativen Zahl zurückgeführt: A - B = A + (-B). **Bild 2-15** zeigt abschließend das Symbol einer Arithmetisch-logischen Einheit, die addiert, subtrahiert und logische Operationen ausführt.

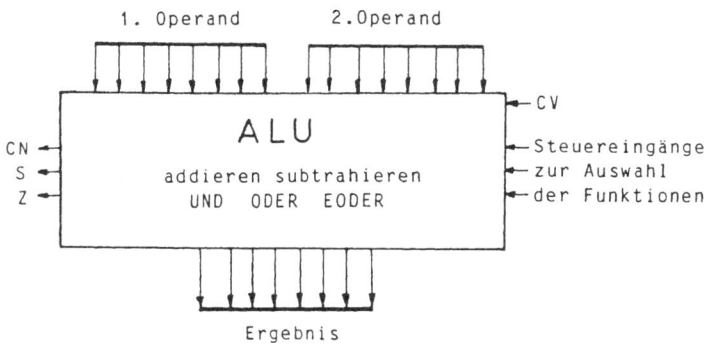

```
              1. Operand        2.Operand
            ┌┬┬┬┬┬┬┬┐         ┌┬┬┬┬┬┬┬┐
            ↓↓↓↓↓↓↓↓          ↓↓↓↓↓↓↓↓
      ┌──────────────────────────────────┐
      │                                   │←— C V
 CN ←—│            A L U                  │
  S ←—│                                   │←— Steuereingänge
  Z ←—│     addieren  subtrahieren        │←— zur Auswahl
      │       UND  ODER  EODER            │←— der Funktionen
      └──────────────────────────────────┘
              ↓↓↓↓↓↓↓↓
              └┴┴┴┴┴┴┴┘
               Ergebnis
```

Bild 2-15: Arithmetisch-logische Einheit für acht Bit

ALU ist eine Abkürzung für Arithmetic-Logic Unit gleich Arithmetisch-logische Einheit. Sie ist Bestandteil des Rechenwerkes eines Mikroprozessors. Die ALU enthält zweimal acht Dateneingänge für die zu verknüpfenden Operanden und acht Datenausgänge für das Ergebnis. Der Übertragseingang CV addiert bei einer Subtraktion zusätzlich eine 1 zum Komplement oder kann bei einer Addition von mehr als acht bit langen Dualzahlen den Zwischenübertrag addieren. Daher ist der Übertrag des Übertragsausgangs C zwischen den Teiladditionen zu speichern. Der Ausgang S für Sign gleich Vorzeichen ist gleich dem werthöchsten Bit des Ergebnisses und enthält das Vorzeichen bei vorzeichenbehafteten Dualzahlen. Der Ausgang Z für Zero gleich Null zeigt über eine Logikschaltung (NOR mit acht Eingängen), ob das Ergebnis gleich Null ist. Über die Steuereingänge wird die gewünschte Operation der ALU ausgewählt, also Addition, Subtraktion, UND-Funktion, ODER-Funktion oder EODER-Funktion. An diesen Eingängen liegt beim Mikroprozessor der Funktionscode des Befehls.

2.4   Speicherschaltungen

Speicherschaltungen haben die Aufgabe, binäre Zustände (0 oder 1) aufzuneh-
men, zu speichern und auf Abruf wieder abzugeben. Die einfachste Speicher-
schaltung besteht aus zwei rückgekoppelten NAND-Schaltungen entsprechend
Bild 2-16 . Ein Flipflop kann auch aus zwei NOR-Schaltungen bestehen.

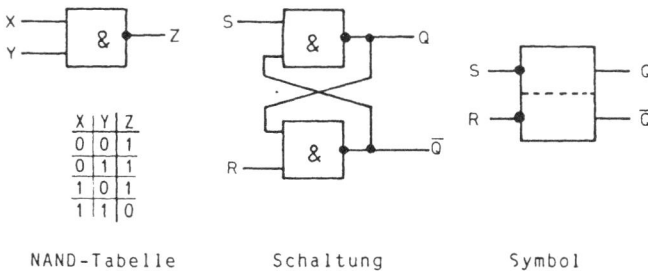

NAND-Tabelle   Schaltung   Symbol

Bild 2-16: NAND-Flipflop

Das Wort "Flipflop" kommt aus der amerikanischen Laborsprache und bedeutet
so viel wie "Klick-Klack". Die deutsche Bezeichnung "Bistabiler Multivibrator"
hat sich nicht durchgesetzt. Die Schaltung hat zwei Eingänge und zwei Ausgänge. Mit dem S-Eingang kann man den Speicher auf 1 setzen, mit dem R-
Eingang auf 0 rücksetzen. Der Ausgang Q ist gleich dem Speicherinhalt, der
Ausgang $\overline{Q}$ ist durch einen Querstrich gekennzeichnet und enthält das Komplement (Verneinung) von Q.

Ruhe- oder Speicherzustand:
Bild 2-17 zeigt den Speicherzustand des NAND-Flipflops. Der linke Teil zeigt
die Speicherung des Wertes Q = 0, der rechte den des Wertes Q = 1.

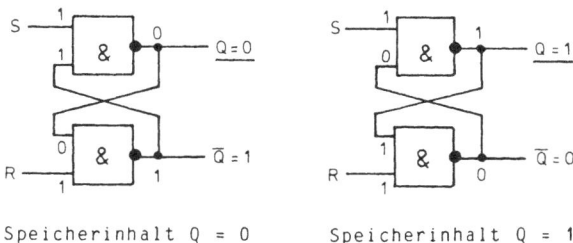

Speicherinhalt Q = 0   Speicherinhalt Q = 1

Bild 2-17: Speicherzustand des NAND-Flipflops

Ist ein Eingang der NAND-Schaltung 1, so hängt der Ausgang vom Zustand des anderen Eingangs ab. Ist der Speicherinhalt Q = 0 (linkes Bild), so liegt die 0 zusammen mit R = 1 am unteren NAND und ergibt am Ausgang $\overline{Q}$ = 1. Diese 1 wird auf das obere NAND zurückgeführt und ergibt zusammen mit S = 1 wieder den Ausgang Q = 0: die Schaltung speichert stabil den Inhalt 0.

Auch für den Speicherzustand Q = 1 (rechtes Bild) ergibt sich wieder ein stabiler Zustand, so daß also R = S = 1 auf jeden Fall einen der beiden Speicherzustände Q = 0 oder Q = 1 festhält (speichert).

Einschreiben einer 1 (Setzen):
Bringt man den Setzeingang S kurzzeitig auf 0, so ergibt sich immer der Ausgang und damit der Speicherinhalt Q = 1. R muß dabei auf 1 bleiben.

Einschreiben einer 0 (Rücksetzen):
Bringt man den Rücksetzeingang R kurzzeitig auf 0, so ergibt sich immer der Ausgang $\overline{Q}$ = 1 und damit der Speicherinhalt Q = 0. S muß dabei auf 1 bleiben.

Das NAND-Flipflop wird auch als RS-Flipflop bezeichnet. Es dient z.B. zum Entprellen von Schaltern und Tastern. Die Eingänge R und S schalten mit einem 0-Signal, sie sind also "aktiv LOW".

Das einfache RS-Flipflop kann entsprechend **Bild 2-18** zum D-Flipflop erweitert werden.

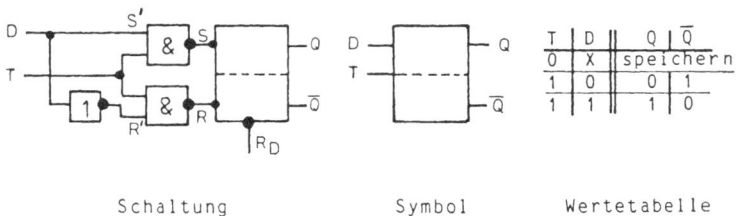

| Schaltung | Symbol | Wertetabelle |

T	D	Q	$\overline{Q}$
0	X	speichern	
1	0	0	1
1	1	1	0

Bild 2-18: D-Flipflop

D bedeutet Delay wie Verzögerung. Dieses Flipflop hat nur noch einen einzigen Dateneingang D. Die NICHT-Schaltung sorgt dafür, daß die Eingänge R' und S' der beiden NAND-Schaltungen immer komplementär zueinander sind. Die NAND-Schaltungen kann man sich aufgeteilt denken in ein UND mit einem folgenden NICHT. Durch das UND werden die Daten nur dann weitergereicht, wenn der Takt T gleich 1 ist. Die NICHT-Schaltung komplementiert die Daten. Der D-Eingang ist jetzt "aktiv HIGH". D = 1 wird als Q = 1 gespeichert, D = 0 als Q = 0. **Bild 2-19** zeigt den zeitlichen Verlauf eines Schreibvorganges.

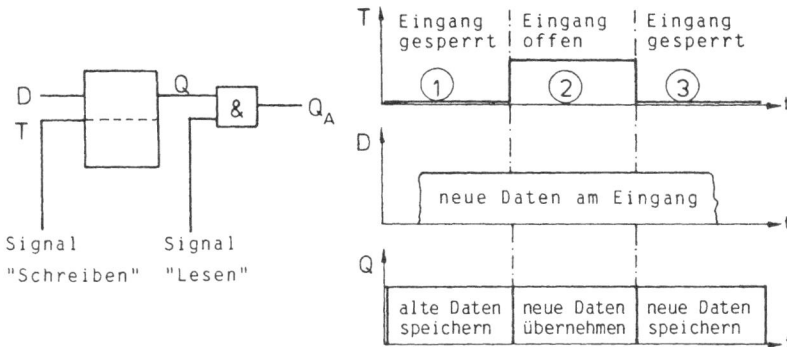

Bild 2-19: Schreiben eines D-Flipflops

Im Bereich 1 ist der Schreibtakt 0, damit sind die Eingänge R und S des RS-Flipflops unabhängig von den an D bzw. R' und S' anliegenden Daten immer 1. Der Eingang ist gesperrt, das Flipflop speichert.

Im Bereich 2 ist der Schreibtakt 1, damit werden die am Eingang D anliegenden Daten über R' und S' in das Flipflop übernommen und erscheinen am Ausgang Q. Während des Taktzustandes T = 1 dürfen sich die Daten nicht ändern. Das vorliegende Flipflop wird durch den Zustand des Taktes gesteuert. Daneben gibt es auch Flipflops, die durch eine Taktflanke gesteuert werden. Die Übernahme erfolgt dann nur zu dem Zeitpunkt, zu dem sich der Takt von 0 auf 1 (positive Flanke) oder von 1 auf 0 (negative Flanke) ändert.

Im Bereich 3 ist der Schreibtakt wieder 0. Damit ist die Datenübernahme wieder gesperrt, und das Flipflop bewahrt die Daten bis zum nächsten Schreibvorgang auf.

Der Ausgang Q des Flipflops kann jederzeit ohne Veränderung des Inhaltes gelesen werden. Dies kann durch das Anlegen eines Lesetaktes geschehen. D-Flipflops werden unter der Bezeichnung Latch - frei übersetzt Auffangspeicher - als Register für die Eingabe und Ausgabe von Daten verwendet.

Für rechentechnische Anwendungen ist es oft nötig, in einem Flipflop gleichzeitig einen alten Speicherinhalt im Hauptspeicher zu behalten und einen neuen Inhalt zunächst in einen Vorspeicher zu schreiben. **Bild 2-20** zeigt die Schaltung eines Master-Slave-Flipflops zusammen mit dem zeitlichen Verlauf der Datenübernahme.

Master (Meister)   Slave (Sklave)

Schaltung

Symbol

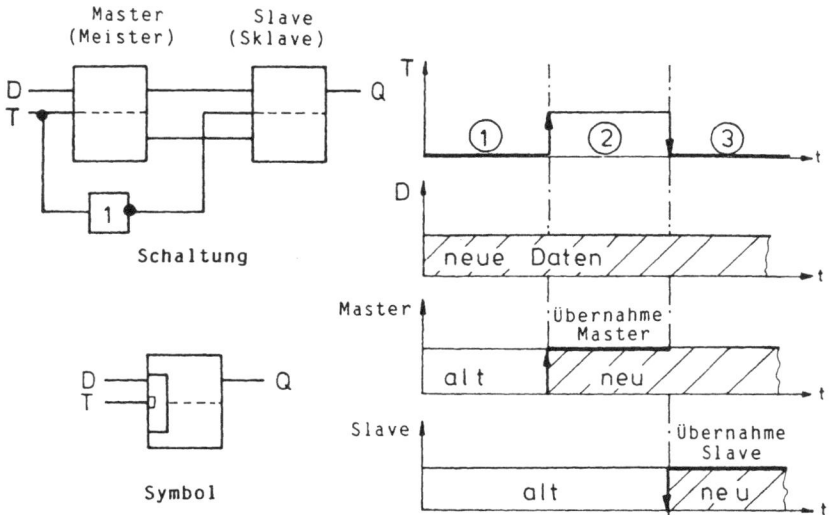

Bild 2-20: Master-Slave-Flipflop

Der Vorspeicher heißt Master gleich Meister, der Hauptspeicher Slave wie Sklave. Neue Daten liegen am Eingang des Meisters; der Sklave erhält seine Daten vom Meister. Die Übernahme erfolgt jedoch durch den negierten Takt des Sklaven zu unterschiedlichen Zeitpunkten.

Im Bereich 1 ist der Takt des Meisters 0. Dadurch ist sein Dateneingang gesperrt. Der Takt des Sklaven dagegen ist 1. Der Sklave übernimmt die Daten des Meisters; beide Flipflops haben den gleichen Inhalt.

Im Bereich 2 ist der Takt des Meisters 1, und er übernimmt die an seinem Eingang anliegenden Daten. Der Takt des Sklaven dagegen ist 0; daher behält dieser noch seinen alten Inhalt. Im Bereich 2 speichert also der Meister bereits die neuen Daten, während der Sklave noch die alten Werte festhält.

Im Bereich 3 übernimmt wie im Bereich 1 der Sklave die Daten des Meisters; beide Flipflops haben wieder den gleichen Inhalt.

Acht parallele Master-Slave-Flipflops entsprechend **Bild 2-21** bilden den Akkumulator, das wichtigste Datenregister im Rechenwerk eines Mikroprozessors.

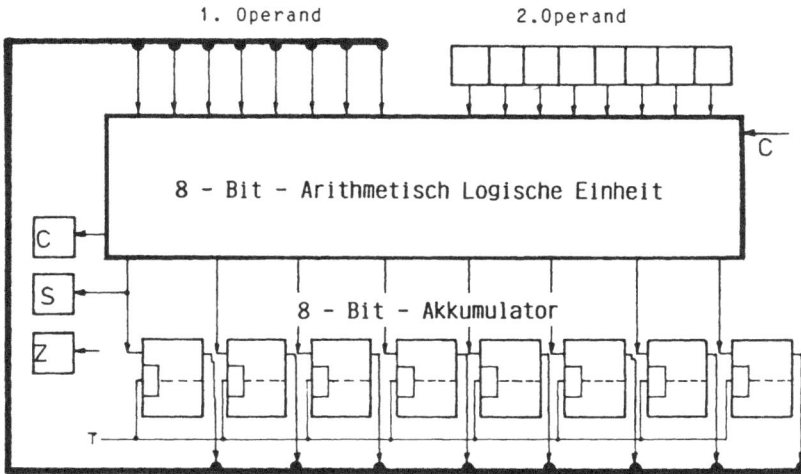

Bild 2-21: ALU und Akkumulator für acht Bit

Der Akkumulator gibt an seinen Ausgängen z.B. eine zu addierende Dualzahl an die arithmetisch-logische Einheit ab und nimmt an seinen Eingängen die Summe auf. Der zweite Summand kann z.B. aus einem aus D-Flipflops bestehenden Datenregister kommen. Akkumulator bedeutet Sammler. Er gibt seinen Speicherinhalt auf acht parallelen Leitungen gleichzeitig ab und nimmt an seinen acht Eingängen das Ergebnis auf acht parallelen Leitungen auf. Er wird daher auch als paralleles Schieberegister bezeichnet.

Eine Rückführung der Ausgänge eines Master-Slave-Flipflops auf die Eingänge entsprechend **Bild 2-22** liefert einen 2:1-Frequenzteiler, mit dem sich eine Zählerkette aufbauen läßt.

Jede fallende Taktflanke schaltet den Ausgang eines Zählelementes um, d.h. von 0 auf 1 oder von 1 auf 0. Die im Bild untereinander gezeichneten logischen Zustände der Takte bilden eine Dualzahl, die z.B. mit 0000 beginnend mit jedem Takt um 1 weitergezählt wird. Auf den größten Wert 1111 folgt wieder der Anfangswert 0000. Andere hier nicht behandelte Zähler lassen sich mit einem Anfangswert laden und wahlweise aufwärts oder abwärts zählen. Das Zählen geht schaltungstechnisch schneller und einfacher als die Addition oder Subtraktion der Zahl 1.

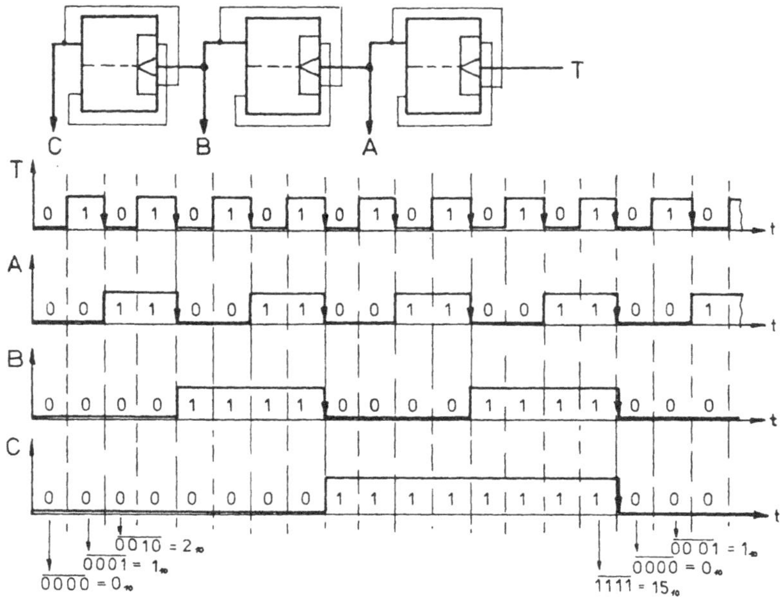

Bild 2-22: Vierstelliger Binärzähler

2.5   Aktive Zustände von Steuersignalen

Die Arbeitsgeschwindigkeit eines Mikrorechners hängt ab von den Schaltzeiten seiner Rechen- und Speicherschaltungen. Diese ergeben sich aus den Zeiten für den Aufbau und den Abbau von Ladungsträgern in den Halbleiterschichten. Schaltet man mehrere Logikbausteine (z.B. NICHT, UND, ODER) wie bei einem Volladdierer Bild 2-13 hintereinander, so addieren sich ihre Laufzeiten. Besonders zeitkritisch ist der achtstellige Paralleladdierer nach Bild 2-14, bei dem der Gesamtübertrag acht Volladdierer durchlaufen muß. Aus diesem Grunde werden derartige Schaltungen in der Praxis möglichst aus parallelen Logikelementen aufgebaut. Dadurch erhöht sich jedoch die Anzahl der Elemente und damit ihr Platz- und Leistungsbedarf. Die Bilder dieses Abschnitts zeigen nur die Funktionsweise der Rechen- und Speicherschaltungen, nicht jedoch ihren tatsächlichen Aufbau im Mikrorechner.

Der zeitliche Ablauf aller Funktionen eines Mikrorechners wird durch den Takt gesteuert. Dies ist ein von außen an den Mikroprozessor angelegtes Rechtecksignal von ca. 1 bis 10 MHz, für das es jedoch aus technologischen Gründen eine obere und auch eine untere Frequenzgrenze gibt. Innerhalb dieser aus den Datenblättern der Bausteine ersichtlichen Grenzen kann der Benutzer die Arbeitsgeschwindigkeit seines Mikrorechners durch den Takt selbst bestimmen. Aus dem Takt leitet das Steuerwerk des Mikroprozessors entsprechend **Bild 2-23** weitere Steuersignale ab. Die modernen Prozessoren enthalten Taktgeneratoren für innere und Frequenzteiler für äußere Taktsignale.

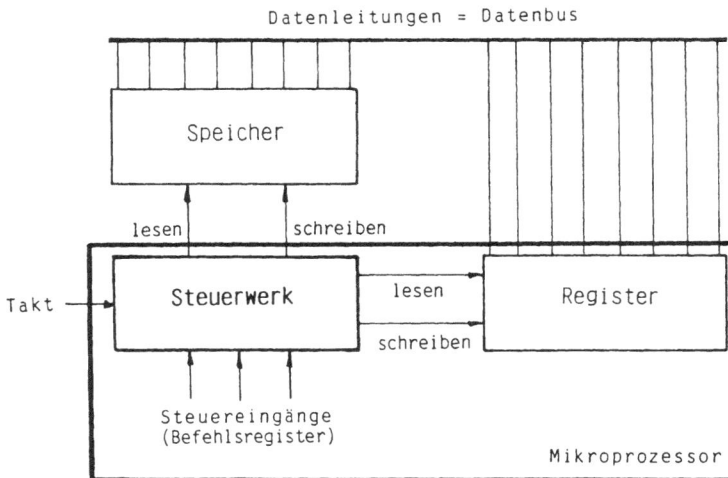

Bild 2-23: Steuerwerk und Steuersignale

Das Steuerwerk besteht aus Logik-, Speicher- und Zählschaltungen. Aus dem Takteingang und weiteren Steuereingängen werden die äußeren Steuersignale (z.B. Speicher Lesen und Schreiben) und die inneren Steuersignale (z.B. Takteingänge von Registern) abgeleitet. **Bild 2-24** zeigt als Beispiel den zeitlichen Verlauf der Signale "Lesen" und "Schreiben", die zu den Speicherbausteinen führen.

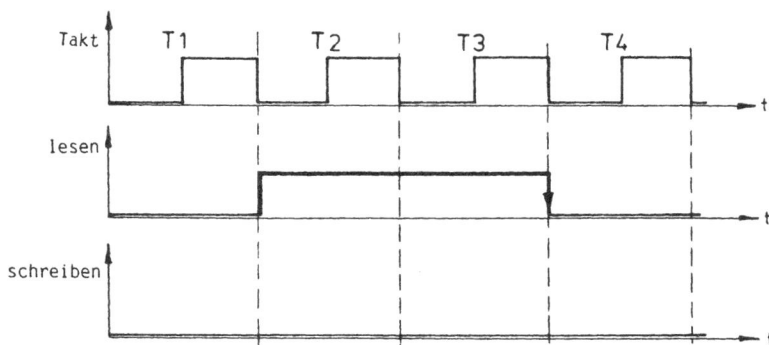

Bild 2-24: Zeitlicher Verlauf eines "aktiv-HIGH"-Lesesignals

Die beiden Steuersignale "Lesen" und "Schreiben" des Beispiels sind "aktiv HIGH". Ein hohes Potential bzw. eine logische 1 löst den gewünschten Vorgang aus. Die Prozesoren der 68xx-Familie kennen nur ein Lese/Schreibsignal.

Takt T1: Beide Steuersignale sind nicht aktiv.

Takt T2: Das Lesesignal ist aktiv, das Schreibsignal nicht.

Takt T3: Das Lesesignal ist aktiv, das Schreibsignal nicht.

Takt T4: Beide Steuersignale sind nicht aktiv.

Die Mikrorechnertechnik arbeitet jedoch vorzugsweise mit Steuersignalen, die "aktiv LOW" sind. Ein niedriges Potential bzw. eine logische 0 soll den gewünschten Vorgang auslösen. **Bild 2-25** zeigt wieder die Steuersignale "Lesen" und "Schreiben" jedoch für aktiv LOW.

Steuersignale, die aktiv LOW sind, werden meist durch einen Querstrich gekennzeichnet. Die Eingänge der Bausteine erhalten einen Punkt. Die Signale des Bildes 2-24 bzw. 2-25 könnten dazu dienen, die Übertragung von Daten zwischen dem Speicher und dem Mikroprozessor zu steuern. Im Takt T1 müssen die Daten noch verschiedene Schaltstufen zu den Speichern durchlaufen und sind noch nicht gültig. In den Takten T2 und T3 sind die Daten stabil und gültig und können von den Speicherschaltungen übernommen werden. Das Lese-

Takt

T1   T2   T3   T4

lesen

schreiben

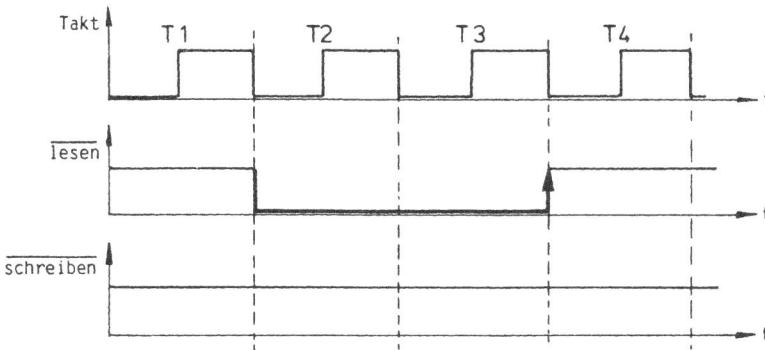

Bild 2-25: Zeitlicher Verlauf eines "aktiv-LOW"-Lesesignals

signal legt nicht nur den Zeitpunkt, sondern auch die Richtung vom Speicher in den Mikroprozessor fest. Mit dem Schreibsignal werden Daten vom Mikroprozessor in den Speicher gebracht. Die Prozessoren der 68xx-Familie unterscheiden mit dem Lese/Schreib-Signal die Richtung der Datenübertragung und legen mit dem Freigabetakt E den Zeitpunkt der Übertragung fest.

Die Logik von Steuersignalen läßt sich durch NICHT-Schaltungen leicht von aktiv LOW nach aktiv HIGH und umgekehrt umdrehen. Bei der logischen Verknüpfung mehrerer Steuersignale ist zu beachten, daß sich die UND- bzw. die ODER-Schaltung des Bildes 2-11 nur auf aktiv HIGH beziehen. Für die Verknüpfung von Steuersignalen, die aktiv LOW sind, ist entsprechend **Bild 2-26** die entgegengesetzte Logikfunktion zu wählen.

	logische **UND**-Verknüpfung	logische **ODER**-Verknüpfung
aktiv **HIGH**	X Y | Z 0 0 | 0 0 1 | 0 1 0 | 0 1 1 | 1	X Y | Z 0 0 | 0 0 1 | 1 1 0 | 1 1 1 | 1
aktiv **LOW**	X Y | Z 0 0 | 0 0 1 | 1 1 0 | 1 1 1 | 1	X Y | Z 0 0 | 0 0 1 | 0 1 0 | 0 1 1 | 1

Bild 2-26: Logische Verknüpfung von Steuersignalen

Für aktiv HIGH bildet die UND-Schaltung gleichzeitig auch die logische UND-Verknüpfung, denn der Ausgang ist nur dann 1, wenn beide Eingänge 1 sind.

Entsprechendes gilt für das ODER. Auch hier stimmen Schaltung und Verknüpfung überein. Anders dagegen bei Signalen, die aktiv LOW sind. Die ODER-
Schaltung hat nur dann am Ausgang eine 0 (aktiv LOW), wenn beide Eingänge
0 (aktiv LOW) sind. Entsprechend ist für eine logische UND-Verknüpfung zweier Signale aktiv LOW eine ODER-Schaltung einzusetzen. Die UND-Schaltung
ist immer dann am Ausgang 0 (LOW), wenn mindestens einer der beiden Eingänge 0 (LOW) ist. Für eine logische ODER-Verknüpfung zweier aktiv LOW
Signale ist also eine UND-Schaltung einzusetzen. **Bild 2-27** zeigt als Beispiel,
wie aus den beiden Signalen Lesen und Schreiben ein neues Signal gewonnen
wird, das dann aktiv LOW ist, wenn entweder gelesen oder geschrieben wird.
Das Steuerwerk sorgt dafür, daß nicht beide Steuersignale gleichzeitig aktiv
sein können.

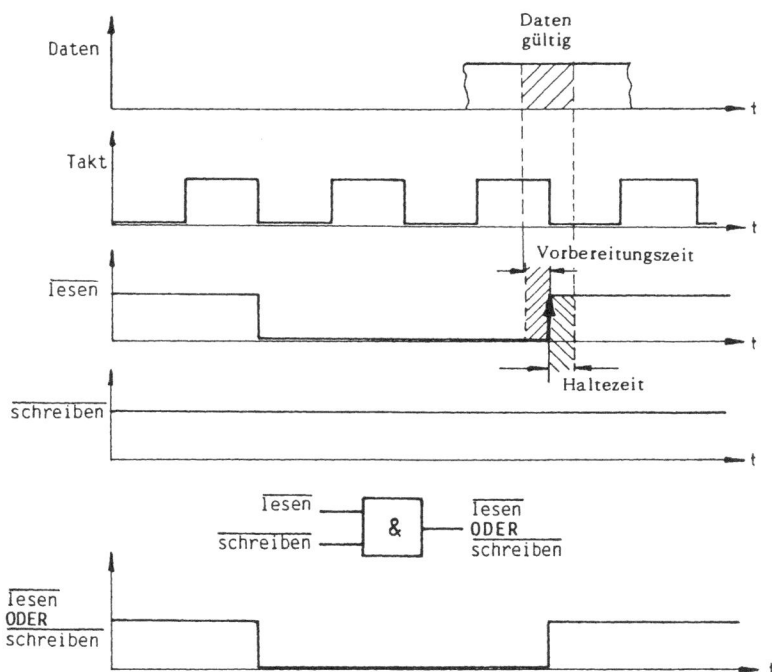

Bild 2-27: ODER-Verknüpfung bei aktiv LOW

Die Steuersignale "Lesen" und "Schreiben" wurden zunächst als zustandsge-
steuert eingeführt. Die Datenübertragung erfolgt innerhalb der Zeit, in der
das Signal im aktiven Zustand ist. Der genaue Zeitpunkt der Datenübernahme
wird in vielen Fällen durch eine Taktflanke gesteuert. Bild 2-24 zeigt als
Beispiel eine negative (fallende) Flanke, Bild 2-25 eine positive (steigende)
Flanke. Die Daten müssen eine bestimmte Zeit vor der Flanke (Vorbereitungszeit) und eine bestimmte Zeit nach der Flanke (Haltezeit) stabil sein. Diese
Zeiten wurden in das Bild 2-27 eingetragen.

Bild 2-28 zeigt am Beispiel eines handelsüblichen Flipflops (SN 7474) den Unterschied zwischen einer Steuerung durch einen Zustand und durch eine Flanke.

	Eingänge				Ausgänge		Funktion
	$\overline{PRE}$	$\overline{CLR}$	CLK	D	Q	$\overline{Q}$	
Zustnd	0	1	X	X	1	0	setzen
	1	0	X	X	0	1	löschen
Flanke	1	1	↑	1	→ 1	0	setzen
	1	1	↑	0	→ 0	1	rücksetzen
keine	1	1	0	X	bleibt		speichern
Flanke	1	1	1	X	bleibt		speichern

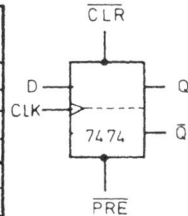

Bild 2-28: Flanken- und zustandsgesteuertes Flipflop

In der Tabelle könnten anstelle der logischen Bezeichnungen 0 und 1 auch die elektrischen Potentiale LOW und HIGH abgekürzt L und H stehen. Ein X bedeutet, daß der Zustand des Eingangs die Schaltung nicht beeinflußt.

Die beiden zustandsgesteuerten Eingänge $\overline{PRE}$ und $\overline{CLR}$ sind aktiv LOW und wirken wie ein RS-Flipflop entsprechend Bild 2-17 und 2-18. PRE bedeutet PRESET gleich setzen. Durch eine logische 0 (LOW-Potential) an diesem Eingang wird der Speicherzustand des Flipflops Q = 1 gesetzt. CLR bedeutet CLEAR gleich löschen. Durch eine logische 0 (LOW-Potential) an diesem Eingang wird der Speicherzustand des Flipflops auf Q = 0 gebracht. Sind beide Eingänge 1 (HIGH-Potential), so speichert das Flipflop seinen augenblicklichen Inhalt.

Der Dateneingang D wird durch eine positive (steigende) Flanke des Takteingangs CLK gesteuert. CLK bedeutet CLOCK gleich Taktgeber oder Uhr. Im Gegensatz zum D-Flipflop des Bildes 2-18 erfolgt die Datenübernahme durch die Taktflanke. Dabei müssen die Daten während der Vorbereitungszeit vor der Flanke und während der Haltezeit nach der Flanke stabil sein. Im Ruhezustand des Taktes speichert das Flipflop seinen augenblicklichen Inhalt.

Beim Aufbau eines Mikrorechners werden vorwiegend hochintegrierte Bausteine (Mikroprozessor, Speicher- und Ein/Ausgabebausteine) eingesetzt. Damit entfällt der Entwurf von Rechen- und Speicherschaltungen, da diese ja bereits in den Bausteinen vorhanden sind. Wichtig wird dagegen die logische und zeitliche Verknüpfung der Steuersignale, die die Datenübertragung zwischen den Bausteinen steuern. Dazu sind Grundkenntnisse der Digitaltechnik und der Arbeit mit TTL-Schaltungen unbedingt erforderlich. Für die Programmierung von Mikrorechnern genügt es, die Arbeitsweise der Schaltungen zu verstehen.

2.6   Speicherorganisation

Ein Mikrorechner kann über 500 000 binäre Speicherelemente in Form von Flipflops oder ähnlichen Schaltungen enthalten. Üblicherweise faßt man acht Bits zu einem Byte zusammen. Der Mikroprozessor enthält etwa 10 bis 20 Speicherbytes in Form von Registern. Der Befehls- und Datenspeicher eines Mikrorechners kann aus maximal 65 536 Bytes oder 64 Kilobytes bestehen. Jedes Byte erhält eine Adresse, mit der es eindeutig von allen anderen Bytes unterschieden werden kann.

Die Adresse eines Bytes wird wie sein Inhalt binär codiert und üblicherweise als Dualzahl angegeben. Der in **Bild 2-29** gezeigte Adreßdecoder ist eine Auswahlschaltung, die eine von vier Speicherstellen auswählt.

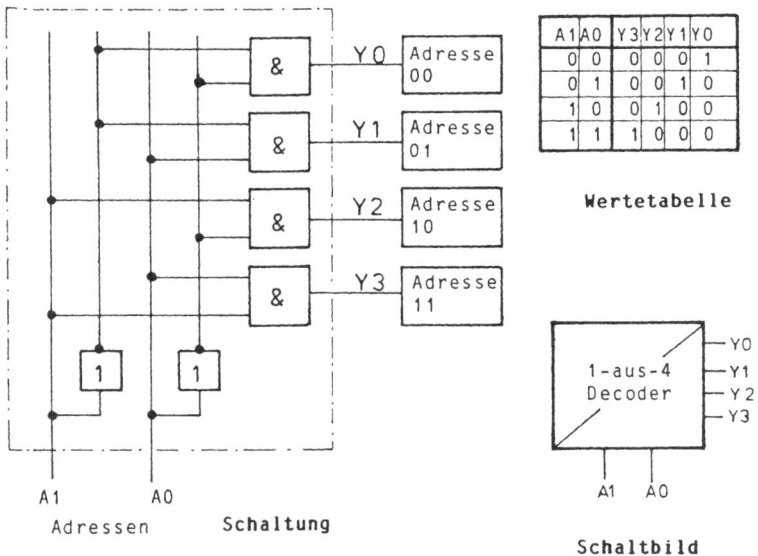

A1	A0	Y3	Y2	Y1	Y0
0	0	0	0	0	1
0	1	0	0	1	0
1	0	0	1	0	0
1	1	1	0	0	0

Wertetabelle

Bild 2-29: Adreßdecoder

Zur Auswahl von vier Speicherstellen sind als Adresse zwei Bits erforderlich, denn in zwei Bits lassen sich genau vier verschiedene Bitkombinationen darstellen. Dies sind die Dualzahlen 00, 01, 10 und 11 mit den dezimalen Werten 0, 1, 2 und 3. Zur Auswahl von acht Speicherstellen sind als Adresse drei Bits erforderlich; mit vier Bits lassen sich 16 Speicherstellen adressieren. Das

Bildungsgesetz lautet: 2 hoch Zahl der Adreßbits gleich Zahl der adressierbaren Speicherstellen. Also z.b. 2 hoch 4 Adreßbits gibt 16 Speicheradressen.

Der Adreßdecoder des Bildes 2-29 hat zwei Adreßeingänge und vier Auswahlausgänge, die immer nur eine von vier Speicherstellen auswählen; daher der Name 1-aus-4-Decoder. Die Auswahlschaltung besteht aus Spaltenleitungen mit den Adressen und ihren Verneinungen (NICHT-Schaltungen) und aus Zeilenleitungen, die auf UND-Schaltungen geführt werden. Liegt z.B. die duale Adresse 11 an den beiden Adreßeingängen, so gibt nur die unterste UND-Schaltung an ihrem Ausgang eine 1 ab und wählt damit die Speicherstelle mit der dualen Adresse 11 aus. Alle anderen UND-Schaltungen zeigen an ihrem Ausgang eine 0, weil immer mindestens einer ihrer Eingänge 0 ist. Die Wertetabelle des Bildes 2-29 zeigt für alle vier möglichen Eingangsbitkombinationen die entsprechenden Ausgänge. Sie sind "aktiv HIGH", d.h. eine 1 bedeutet "ausgewählt", eine 0 bedeutet "nicht ausgewählt". Verwendet man anstelle der UND-Schaltungen NICHT-UND- oder NAND-Schaltungen, so werden die Ausgänge "aktiv LOW", d.h. der ausgewählte Ausgang ist 0, und alle anderen sind 1. In den folgenden Schaltbildern wird der Adreßdecoder durch ein Symbol entsprechend Bild 2-29 dargestellt.

Zum Einschreiben von Daten in einen aus mehreren Speicherstellen bestehenden Speicher sind entsprechend **Bild 2-30** drei Angaben erforderlich: die Adresse der Speicherstelle, ein Schreibsignal und die Daten selbst.

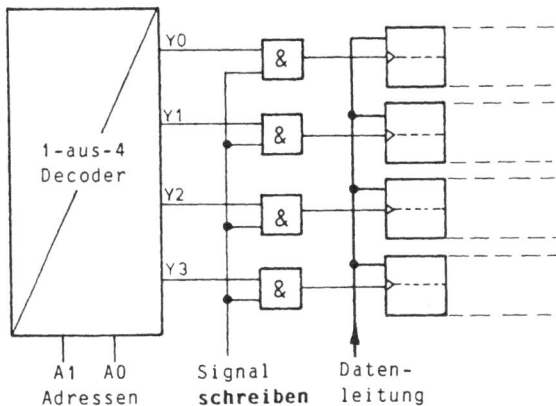

Bild 2-30: Speicher schreiben

Die Adresse wählt über den Adreßdecoder die Speicherstelle aus. Das Schreibsignal sorgt dafür, daß die Daten zum richtigen Zeitpunkt übernommen werden. Die Daten liegen auf einer gemeinsamen Datenleitung an den Eingängen aller Speicherstellen. Aber nur das Flipflop, dessen Takteingang ausgewählt ist, übernimmt die Daten. Die Eingänge aller anderen Flipflops sind gesperrt. Das

Bild zeigt zur Vereinfachung nur eines von den acht Bits eines Bytes. Sollen die acht Bits eines Bytes parallel und gleichzeitig gespeichert werden, so sind acht Datenleitungen erforderlich. Die Takteingänge aller acht Bits eines Speicherbytes sind dabei parallel geschaltet.

Beim Auslesen von Daten aus einem aus mehreren Speicherstellen bestehenden Speicher entsprechend **Bild 2-31** entstehen elektrotechnische Schwierigkeiten, da alle Ausgänge auf eine gemeinsame Datenleitung geführt werden müssen.

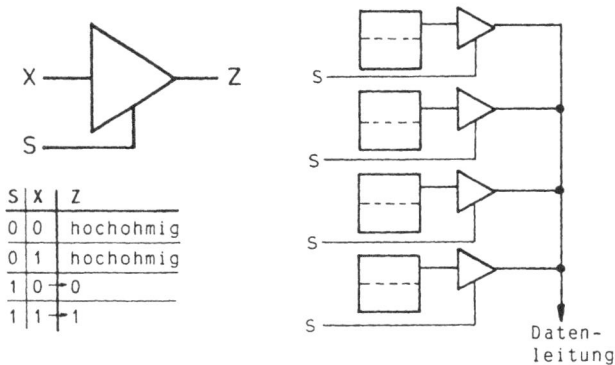

S	X	Z
0	0	hochohmig
0	1	hochohmig
1	0	0
1	1	1

Bild 2-31: Drei-Zustands-Ausgang (tristate)

Schaltet man mehrere Ausgänge parallel, so darf nur der ausgewählte Ausgang seinen binären Zustand oder elektrotechnisch ausgedrückt sein Potential auf die Datenausgangsleitung legen. Alle anderen nicht ausgewählten Ausgänge dürfen die Leitung nicht beeinflussen. Dies geschieht durch die Einführung eines dritten sogenannten hochohmigen Zustandes. Der Steuereingang S eines Drei-Zustands-Ausgangs (tristate) entscheidet, ob der Speicherausgang an die Datenleitung angeschlossen ist oder nicht. Für S = 0 ist der Ausgang "hochohmig". Er verhält sich wie ein geöffneter Schalter. Für S = 1 ist der Ausgang mit der Datenleitung verbunden. Damit wird je nach gespeichertem Inhalt eine 0 oder eine 1 abgegeben. Dieser dritte "hochohmige" Zustand ist lediglich eine schaltungstechnische Lösung, mit der man mehrere Ausgänge parallel schalten kann. Die Speicherinhalte und damit die Daten sind weiterhin zweiwertig oder binär. **Bild 2-32** zeigt nun den Aufbau eines aus vier Speicherstellen bestehenden Speichers, der gelesen werden soll.

Die zu lesende Speicherstelle wird mit Hilfe einer Adresse über einen Adreßdecoder ausgewählt. Das Lesesignal sorgt dafür, daß die Daten zum richtigen Zeitpunkt auf die Datenausgangsleitung gelegt werden. Nur einer der Drei-Zustands-Ausgänge wird durchgeschaltet und verbindet den Speicher mit der Datenleitung. Alle anderen Drei-Zustands-Ausgänge bleiben "hochohmig". Zum Auslesen eines Bytes sind wieder acht Datenleitungen erforderlich.

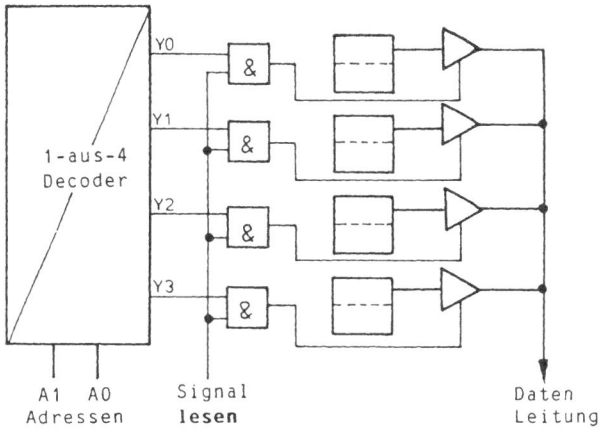

Bild 2-32: Speicher lesen

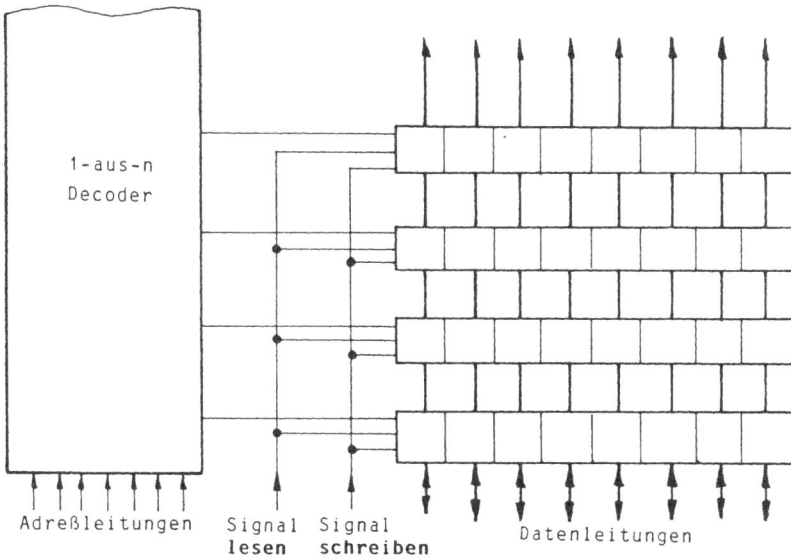

Bild 2-33: Aufbau eines Schreib/Lese-Speichers

Bild 2-33 zeigt zusammenfassend den Aufbau eines byteorganisierten Schreib/ Lese-Speichers.

Die Adreßeingänge dienen zur Adressierung der Speicherbytes. Die Auswahl erfolgt durch einen 1-aus-n-Decoder. Dabei ist n die Zahl der Speicherbytes. Entsprechend der Zusammenfassung von acht Bits zur Speichereinheit Byte sind acht parallele Datenleitungen erforderlich. Es werden immer alle acht Bits gemeinsam angesprochen; eine Auswahl eines einzelnen Bits eines Bytes ist nicht möglich. Die beiden Steuerleitungen "Lesen" und "Schreiben" legen die Richtung der Datenübertragung und ihren Zeitpunkt fest. Beim "Lesen" sind die Datenleitungen als Ausgang geschaltet; beim "Schreiben" als Eingang.

Bei einem Festwertspeicher oder Nur-Lese-Speicher bestehen die Speicherstellen nicht mehr aus Flipflops, sondern aus Schaltungen, die unveränderlich eine 0 oder eine 1 enthalten. Da sie im Betrieb nicht beschrieben werden können, entfällt gegenüber den Schreib/Lese-Speichern das Schreibsignal. Die Datenleitungen können nur als Ausgang betrieben werden.

Einige Prozessoren (8085 und Z80) liefern getrennte Steuersignale für das Lesen und Schreiben, die gleichzeitig auch die zeitliche Steuerung übernehmen. Bei den Prozessoren der 68xx-Familie (6800, 6802 und 6809) können diese Signale - falls erforderlich - aus dem Lese/Schreibsignal und dem Übertragungstakt gewonnen werden.

2.7   Befehle und Programme

Befehle sind Anweisungen an den Mikrorechner, eine bestimmte Tätigkeit durchzuführen, z.B. den Akkumulator mit dem Inhalt eines Datenbytes aus dem Speicher zu laden. Die Befehle zur Ausführung einer bestimmten Aufgabe, z.B. zur Steuerung einer Waschmaschine, bilden ein Programm. Es liegt genauso wie die Daten binär codiert im Speicher des Mikrorechners.

Man unterscheidet zwei Arten von Befehlen: Befehle, die Daten verarbeiten, und Befehle, die die Ausführung des Programms steuern. Befehle bestehen entsprechend **Bild 2-34** aus zwei Teilen.

was tun ?	mit wem ?
Code	Adresse

Bild 2-34:   Aufbau eines Befehls

Der Code des Befehls enthält Angaben über die auszuführende Tätigkeit, z.B. bringe ein Byte aus dem Akkumulator in den Speicher oder addiere zum Inhalt des Akkumulators den Inhalt einer Speicherstelle oder setze das Programm bei einem bestimmten Befehl fort. Da die Befehle wie die Daten binär codiert im Speicher des Mikrorechners liegen, legt man z.B. den Code des Befehls in einem Byte ab. In acht Bits lassen sich 2 hoch 8 oder 256 verschiedene Bitkombinationen verschlüsseln. Der Befehlssatz des Mikrorechners besteht damit aus 256 verschiedenen Befehlen wie z.B. laden, speichern, addieren, subtrahieren, zählen oder springen. Durch Hinzufügen eines zweiten Bytes läßt sich der Befehlssatz erweitern (Z80 und 6809).

Die im Befehl enthaltene Adresse ist eine Dualzahl mit der "Hausnummer" eines Datenregisters im Mikroprozessor oder eines Bytes im Speicher. Enthält z.B. der Mikroprozessor acht Datenregister, so muß die Adresse aus drei Bits bestehen. Registeradressen sind meist im Codeteil des Befehls untergebracht. Speicheradressen werden normalerweise in 16 Bits oder zwei Bytes verschlüsselt. Damit lassen sich 2 hoch 16 gleich 65 536 Bytes oder 64 Kilobytes adressieren.

Im folgenden soll nun der Befehl "Speichere den Inhalt des Akkumulators in das Speicherbyte mit der Adresse 6666 hexadezimal" näher untersucht werden. Er gehört zu den datenverarbeitenden Befehlen und besteht aus drei Bytes. Das erste Byte enthält einen Code für "speichere", und das zweite und dritte Byte enthalten die Adresse "6666". Die Adresse wurde willkürlich gewählt und könnte auch 4711 lauten. **Bild 2-35** zeigt den Speicherbefehl in verschiedenen Darstellungen.

Assemblerschreibweise:	STA 6666H
binäre Codierung:	1011 0111 0110 0110 0110 0110
hexadezimale Darstellung:	B7 66 66

Bild 2-35: Speicherbefehl

Für die Programmierung bevorzugt man kurze und einprägsame Befehlsbezeichnungen anstelle weitschweifiger Beschreibungen der auszuführenden Tätigkeit. Diese Kurzbezeichnungen sind Abkürzungen aus dem Amerikanischen wie z.B. "STA" für "store accumulator" gleich "speichere den Akkumulator". Sie sind so klar und einfach, daß sie später von einem Programm, dem Assembler oder deutsch Montierer in die binäre Codierung des Befehls umgesetzt werden können. Die Kurzbezeichnungen werden von den Herstellern der Mikroprozessoren vorgegeben. Sie bilden zusammen mit grammatischen Regeln die "Assemblersprache", in der sich der Programmierer mit seinem Mikrorechner verständigt. Der Assembler würde also in dem vorliegenden Beispiel den Assemblerbefehl "STA" in den binären Code "10110111" übersetzen und die hexadezimale Adresse "6666" in die Dualzahl "0110011001100110". Bei der praktischen Arbeit bevorzugt man jedoch die kürzere hexadezimale Darstellung anstelle der binären Codierung.

Das Programm, nach dem ein Mikrorechner arbeitet, liegt binär codiert im Programmspeicher. Jeder Befehl und jedes Befehlsbyte erhält dabei eine Adresse. **Bild 2-36** zeigt als Beispiel den Befehl "STA $6666". Das Zeichen "$" bedeutet hexadezimal.

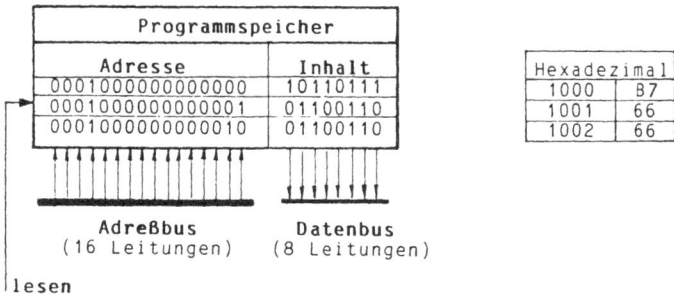

Bild 2-36: Befehl im Programmspeicher

Die Adressen der Befehlsbytes wurden in dem Beispiel willkürlich ab 1000 hexadezimal angenommen. Die drei Bytes des Befehls liegen in drei aufeinander folgenden Speicherbytes. Der Mikroprozessor holt sich aus dem Programmspeicher seine Befehle. Über die Adreßleitungen wird der Befehl - genauer ein Befehlsbyte - ausgewählt und über die Datenleitungen in den Mikroprozessor übertragen. Das Lesesignal legt den richtigen Zeitpunkt der Datenübertragung vom Speicher in den Prozessor fest. Die 16 Adreßleitungen bilden den Adreßbus, die acht Datenleitungen den Datenbus. Ein Bus ist ein Leitungsbündel, an dem mehrere Bausteine anschlossen sind. In dem vorliegenden Beispiel sind dies der Mikroprozessor, der Programmspeicher und ein Datenspeicher. Der Datenbus überträgt nicht nur Daten, sondern auch Befehle. **Bild 2-37** zeigt das Steuerwerk des Mikroprozessors, das die Befehle ausführt.

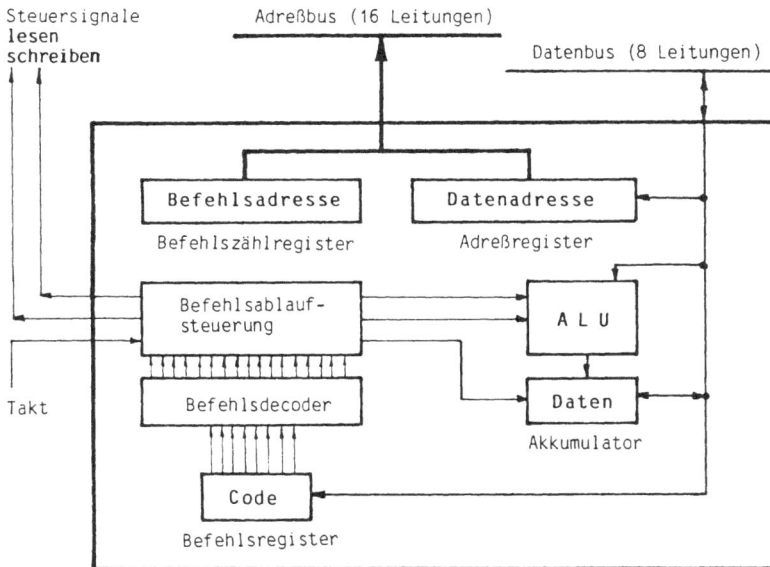

Bild 2-37: Steuerwerk des Mikroprozessors

Das Befehlszählregister besteht aus 16 Bits. Sein Inhalt kann auf den Adreßbus geschaltet werden. Es enthält die Adresse des Befehlsbytes, das als nächstes aus dem Programmspeicher geholt werden soll. Da die Befehle und Befehlsbytes unter aufeinander folgenden Adressen angeordnet sind, kann das Befehlszählregister ähnlich einem Binärzähler Bild 2-22 sehr schnell die Adresse laufend um 1 erhöhen.

Das Befehlsregister speichert den Code des Befehls. Der Befehlsdecoder arbeitet ähnlich einem Adreßdecoder Bild 2-29 und setzt den Code um in eine Folge von Steuersignalen, die in der Befehlsablaufsteuerung fest abgespeichert sind. In dem vorliegenden Beispiel würde also der Code des Befehls "STA" die Befehlsablaufsteuerung veranlassen, daß die beiden folgenden Befehlsbytes mit der Datenadresse geholt werden und daß dann die Daten aus dem Akkumulator in den Datenspeicher übertragen werden. Die Befehlsablaufsteuerung sendet innere und äußere Steuersignale aus. Zu den inneren Steuersignalen gehören z.B. die Takteingänge der Register, die bestimmen, welches Register die vom Datenbus gelieferten Bytes übernimmt (Akkumulator, Befehlsregister oder Adreßregister). Zu den äußeren Steuersignalen gehören das Lese- und das Schreibsignal für die Speicherbausteine. Sie bilden zusammen mit anderen Signalen den Steuerbus. Den zeitlichen Ablauf bestimmt ein von außen angelegter Takt.

Das Adreßregister nimmt die im Befehl enthaltene Adresse auf. In dem vorliegenden Beispiel ist es die Datenadresse "6666". Bei der Ausführung des Speicherbefehls wird diese Adresse auf den Adreßbus geschaltet, um die aufnehmende Datenspeicherstelle zu adressieren. Bei einem Befehl, der den Ablauf des Programms steuert, würde der Befehlszähler mit dem Inhalt des Adreßregisters geladen werden.

In den Bildern **2-38 und 2-39** wird nun der räumliche und zeitliche Ablauf des Befehls "STA $6666" gleich "Speichere den Inhalt des Akkumulators in das Speicherbyte mit der Adresse 6666 hexadezimal" gezeigt.

Der Befehl besteht aus drei Bytes, die in den Bildern in der verkürzten hexadezimalen Schreibweise dargestellt werden. Er wird in vier Schritten (Takten) ausgeführt.

1.Schritt:
Die Befehlsablaufsteuerung legt den Inhalt des Befehlszählers 1000 hexadezimal auf den Adreßbus und das Signal "Lesen" auf den Steuerbus. Der Programmspeicher sendet das adressierte Byte mit dem Code B7 hexadezimal über den Datenbus an den Prozessor. Es wird im Befehlsregister gespeichert. Der Befehlsdecoder entschlüsselt den Code. Die Befehlsablaufsteuerung übernimmt die weitere Ausführung des Befehls. Der Befehlszähler wird anschließend von 1000 um 1 auf 1001 erhöht.

2.Schritt:
Die Befehlsablaufsteuerung legt den neuen Inhalt des Befehlszählers 1001 auf den Adreßbus und das Signal "Lesen" auf den Steuerbus. Der Programmspeicher sendet das adressierte Byte mit dem ersten Teil der Datenadresse an den Prozessor. Es wird im Adreßregister gespeichert. Der Befehlszähler wird um 1 erhöht.

3.Schritt:
Die Befehlsablaufsteuerung holt durch Aussenden der Adresse 1002 und des

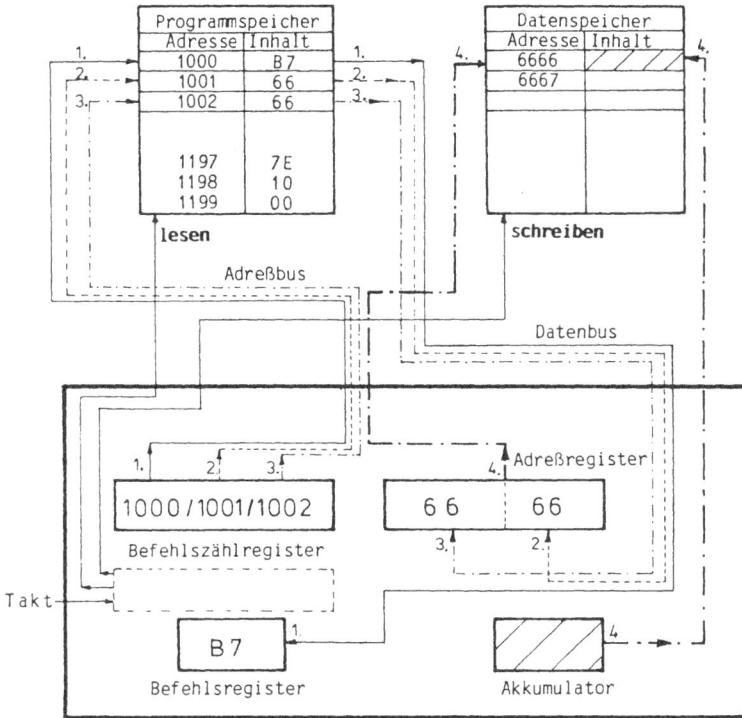

Bild 2-38: Übertragungswege des Speicherbefehls

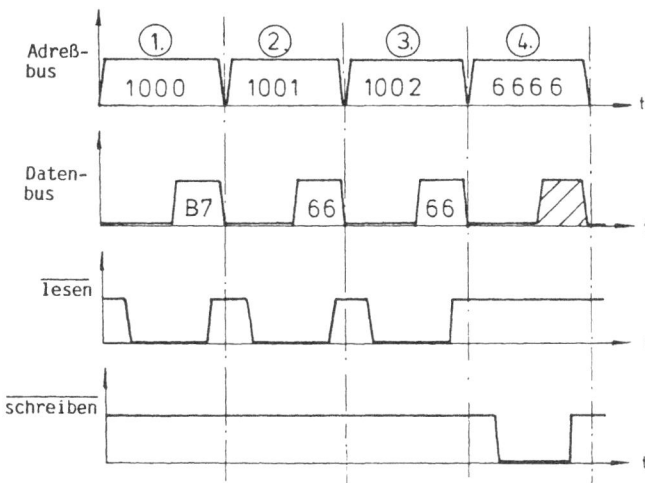

Bild 2-39: Zeitlicher Ablauf des Speicherbefehls

Lesesignals das dritte Byte des Befehls in das Adreßregister. Der Befehlszähler wird um 1 auf 1003 erhöht.

4.Schritt:
Die Befehlsablaufsteuerung schaltet die Datenadresse aus dem Adreßregister auf den Adreßbus, die Daten aus dem Akkumulator auf den Datenbus und das Signal "Schreiben" auf den Steuerbus. Der Datenspeicher übernimmt die Daten in das adressierte Speicherbyte.

Im nächsten Schritt wird die Befehlsadresse 1003 aus dem Befehlszähler auf den Adreßbus gelegt, und ein neuer Code gelangt in das Befehlsregister. Er wird vom Befehlsdecoder entschlüsselt und von der Befehlsablaufsteuerung ausgeführt.

Weitere datenverarbeitende Befehle sind:
Laden des Akkumulators mit dem Inhalt eines Speicherbytes.
Laden des Akkumulators mit einem konstanten Zahlenwert.
Aufwärts- bzw. Abwärtszählen des Akkumulatorinhalts.
Addieren bzw. Subtrahieren eines Datenbytes zum bzw. vom Akkumulator.
Vergleichen des Akkumulators mit einem Datenregister oder einer Konstanten.
Ausführen einer logischen Operation (NICHT, UND, ODER, EODER).

Als Beispiel für einen Befehl, der den Ablauf des Programms steuert, soll nun der Befehl "Springe immer zum Befehl mit der Adresse 1000 hexadezimal" näher untersucht werden. In der Assemblerschreibweise lautet die Abkürzung "JMP" für "jump" gleich "springe". Das erste Byte enthält den Code z.B. 01111110 oder 7E hexadezimal. Im zweiten und dritten Byte des Befehls steht die Adresse des Sprungziels, in unserem Beispiel 1000 hexadezimal. Die Assemblersprache erlaubt auch eine symbolische Bezeichnung des Sprungziels, also z.B. JMP SUSI. Es ist Aufgabe des Assembler-Übersetzers, anstelle des Mädchennamens SUSI die Adresse 1000 einzusetzen. **Bild 2–40** zeigt den Befehl im Programmspeicher ab der willkürlich gewählten Adresse 1197 und seine Ausführung.

1.Schritt:
Die Befehlsablaufsteuerung legt die Adresse 1197 aus dem Befehlszähler auf den Adreßbus und holt sich mit einem Lesesignal den Code über den Datenbus in das Befehlsregister. Er wird vom Befehlsdecoder entschlüsselt und durch die Befehlsablaufsteuerung ausgeführt.

2.Schritt:
Die Befehlsablaufsteuerung legt die Adresse 1198 aus dem Befehlszählregister auf den Adreßbus und holt sich mit einem Lesesignal das zweite Byte des Befehls in das Adreßregister.

3.Schritt:
Die Befehlsablaufsteuerung legt die Adresse 1199 aus dem Befehlszählregister

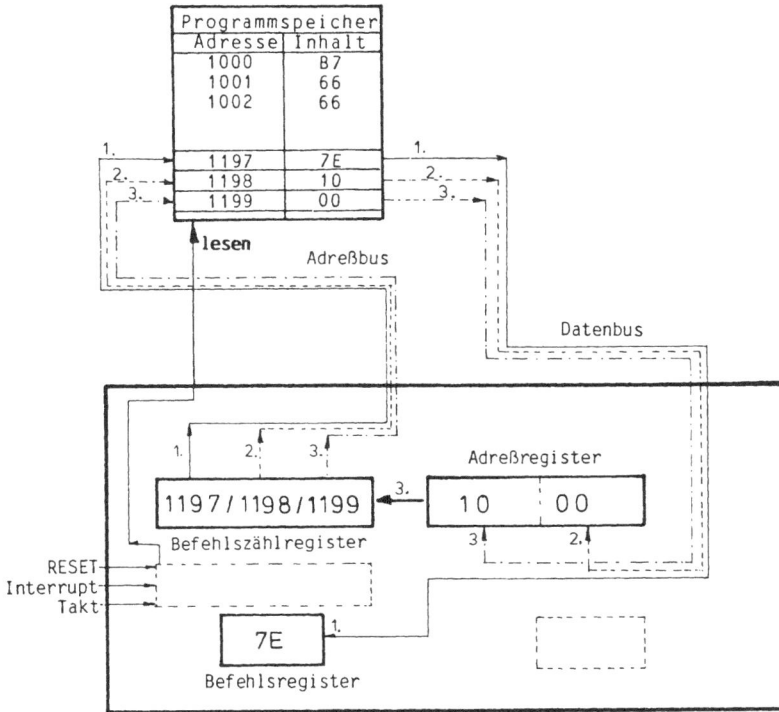

Bild 2-40: Ausführung des Sprungbefehls

auf den Adreßbus und holt das dritte Byte des Befehls in das Adreßregister.
Die Adresse des Sprungziels, in dem Beispiel 1000 hexadezimal, wird nun in
das Befehlszählregister übernommen.

Im nächsten Schritt wird die neue Befehlsadresse 1000 aus dem Befehlszählregister auf den Adreßbus gelegt, und der Code des neuen Befehls gelangt in das
Befehlsregister. Programme bestehen normalerweise aus aufeinander folgenden
Befehlen, die in dieser Reihenfolge ausgeführt werden. Dabei wird der Befehlszähler immer um 1 erhöht. Mit Sprungbefehlen kann man diese Reihenfolge
durchbrechen und das Programm bei jedem beliebigen Befehl fortsetzen. Dazu
wird die Adresse des Sprungziels aus dem Adreßteil des Sprungbefehls in das
Befehlszählregister geladen.

Weitere Befehle zur Steuerung eines Programmablaufs sind:
Springe nur dann zu einem neuen Befehl, wenn das Ergebnis des vorhergehenden
Vergleiches Null war; sonst führe den nächsten Befehl aus.

Springe nur dann zu einem neuen Befehl, wenn ein Zähler ungleich Null ist;
sonst führe den nächsten Befehl aus.
Führe ein Unterprogramm (Hilfsprogramm) aus und mache anschließend mit
dem nächsten Befehl weiter.

Zum Starten des Rechners z.B. beim Einschalten der Versorgungsspannung muß
das Programm mit dem ersten Befehl beginnen. Der RESET-Eingang des
Mikroprozessors führt direkt auf das Steuerwerk des Mikroprozessors. Reset
bedeutet zurücksetzen in einen Anfangszustand. Mit diesem Eingangssignal wird
der Befehlszähler mit der Startadresse des Programms geladen. Ein Signal am
INTERRUPT-Eingang des Mikroprozessors veranlaßt das Steuerwerk, ein laufen-
des Programm abzubrechen und dafür ein Sonderprogramm zu starten. Ein Interrupt ist eine Programmunterbrechung.

Abschließend folgt ein vollständiges Programmbeispiel. Im Akkumulator soll
ein Zähler von Null beginnend immer um 1 erhöht werden. Der laufende Zähler-
stand ist auf einem Ausgaberegister mit der willkürlich gewählten Adresse
8000 hexadezimal auszugeben. **Bild 2-41** zeigt die grafische Darstellung des
Programms im Programmablaufplan.

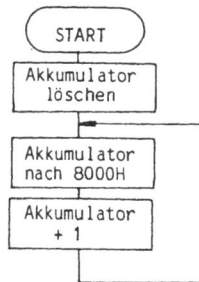

Bild 2-41: Programmablaufplan des Beispiels

Die Symbole des Programmablaufplans sind genormt und unabhängig von der
verwendeten Programmiersprache. Datenverarbeitende Befehle werden durch
ein Rechteck dargestellt. Der unbedingte Sprungbefehl besteht aus einem Pfeil
zum Sprungziel. **Bild 2-42** zeigt rechts das Assemblerprogramm und links die
hexadezimale Übersetzung durch den Assembler-Übersetzer.

```
              * BILD 2-42 ASSEMBLERPROGRAMM
                     ORG      $1000     ADRESSZAEHLER PROGRAMM
1000 86 00    START  LDA      #$00      ANFANGSWERT LADEN
1002 B7 80 00 LOOP   STA      $8000     WERT AUSGEBEN
1005 4C              INCA               WERT UM 1 ERHOEHEN
1006 7E 10 02        JMP      LOOP      SCHLEIFE
                     END
```

Bild 2-42: Assemblerprogramm des Beispiels

Der erste Befehl "ORG" und der letzte Befehl "END" sind Assembleranweisungen, die dem Übersetzer sagen, wo die Anfangsadresse des Programms liegt und wo das Programm zuende ist. Der Befehl "LDA" lädt die Konstante 0 in den Akkumulator. Der bereits bekannte Befehl "STA" speichert den Inhalt des Akkumulators in eine Speicherstelle, hier in ein Ausgaberegister. Der Befehl "INCA" erhöht den Inhalt des Akkumulators um 1. Es ist ein Zählbefehl. Der bereits bekannte Befehl "JMP" springt zum symbolischen Sprungziel LOOP. Alle Adressen werden bei den Prozessoren der 68xx-Familie in der "natürlichen" Reihenfolge mit dem höherwertigen Teil zuerst angegeben; es gibt jedoch Prozessoren (8085, Z80), bei denen die Reihenfolge zu vertauschen ist.

2.8   Übungen zum Abschnitt Grundlagen

Die Lösungen befinden sich im Anhang.

1.Aufgabe:
Die Dezimalzahl 100 ist nacheinander in eine achtstellige Dualzahl, eine zweistellige Hexadezimalzahl und in eine 12 Bit lange BCD-codierte Dezimalzahl zu verwandeln.

2.Aufgabe:
Die Dezimalzahl -100 ist als achtstellige Dualzahl im Zweierkomplement darzustellen. Wie lautet die hexadezimale Zusammenfassung?

3.Aufgabe:
Gegeben ist die Bitkombination 01011000.
a. Wie lautet die hexadezimale Zusammenfassung?
b. Welches Zeichen ist es im ASCII-Code?
c. Es sei eine Dualzahl, welches ist ihr dezimaler Wert?
d. Es sei eine BCD-codierte Dezimalzahl, welches ist ihr Wert?

4.Aufgabe:
Ein Text im ASCII-Code hat folgenden hexadezimalen Inhalt:

 44 55 20 41 46 46 45 21

Er ist zu decodieren.

5.Aufgabe:
Für die logische Schaltung **Bild 2-43** stelle man die Wertetabelle der beiden
Ausgangsgrößen in Abhängigkeit von den drei Eingangsgrößen auf.

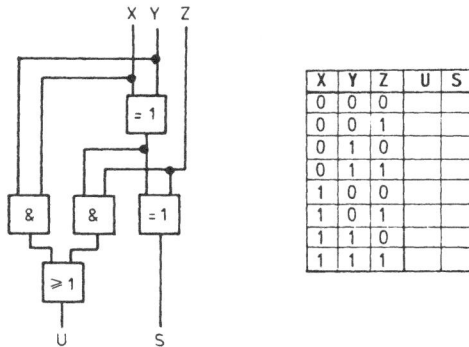

X	Y	Z	U	S
0	0	0		
0	0	1		
0	1	0		
0	1	1		
1	0	0		
1	0	1		
1	1	0		
1	1	1		

Bild 2-43: Logikschaltung

6.Aufgabe:
Gegeben sind zwei binäre Operanden:

1.Operand: 00001111
2.Operand: 00111100

a. Man addiere die beiden Operanden und prüfe das Ergebnis durch dezimale
   Rechnung.

b. Man subtrahiere den zweiten Operanden vom ersten Operanden durch Addition
   des Zweierkomplementes und prüfe das Ergebnis durch dezimale Rechnung.

c. Man bilde bitweise das logische UND.

d. Man bilde bitweise das logische ODER.

e. Man bilde bitweise das logische EODER.

7.Aufgabe:
Für die Schaltung eines 1-aus-8-Decoders nach **Bild 2-44** stelle man die Wertetabelle auf. Welcher Ausgang wird bei der dualen Adresse 101 ausgewählt?

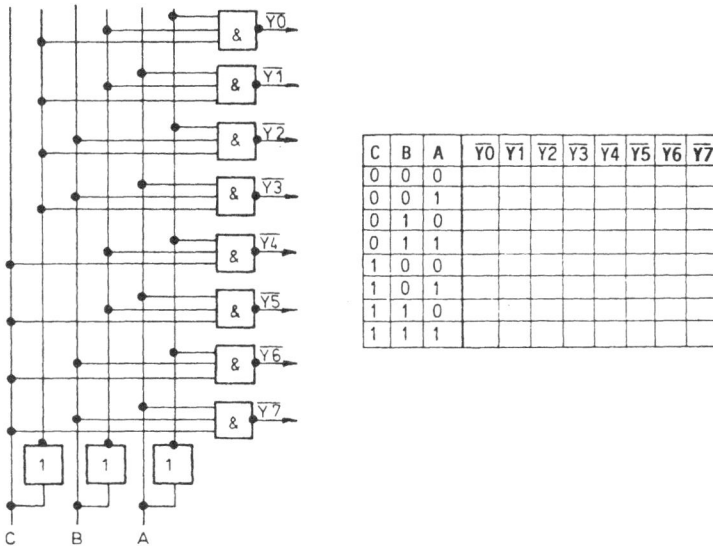

C	B	A	$\overline{Y0}$	$\overline{Y1}$	$\overline{Y2}$	$\overline{Y3}$	$\overline{Y4}$	$\overline{Y5}$	$\overline{Y6}$	$\overline{Y7}$
0	0	0								
0	0	1								
0	1	0								
0	1	1								
1	0	0								
1	0	1								
1	1	0								
1	1	1								

Bild 2-44: 1-aus-8-Decoder

8.Aufgabe:
Zwei Steuersignale X1 und X2 sind aktiv LOW. Gesucht wird eine Schaltung, die an ihrem Ausgang HIGH ist, wenn beide Steuersignale X1 UND X2 LOW sind. Man stelle zusätzlich die Wertetabelle auf und zeichne den zeitlichen Verlauf des Ausgangssignals in das Zeitdiagramm **Bild 2-45** ein.

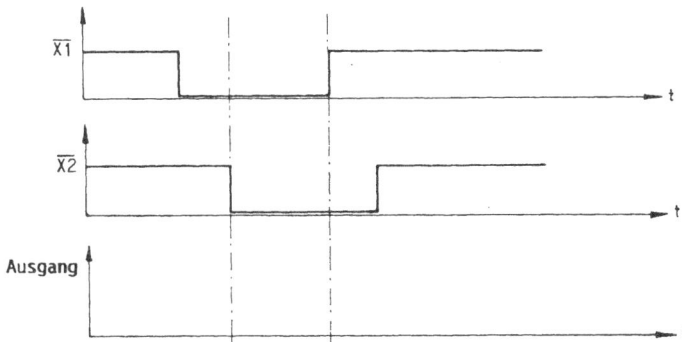

Bild 2-45: Verknüpfung von Steuersignalen

3   Hardware

Dieses Kapitel vermittelt dem Entwickler von Mikrorechner-Schaltungen die grundlegenden Kenntnisse über den Entwurf von einfachen Rechnern mit den Prozessoren 6800, 6802 und 6809. Der Programmierer von Mikrorechner-Programmen lernt die Arbeitsweise des Rechners und damit den Zusammenhang zwischen Hardware und Software kennen.

3.1   Halbleitertechnik

Die Arbeitsweise eines Rechners (Computers) ist zunächst unabhängig von seiner technischen Ausführung. Die Schaltungen des hier behandelten Mikroprozessors und seiner Speicher- und Ein/Ausgabebausteine könnte man auch aus mechanischen Relais, Elektronenröhren oder einzelnen Transistoren aufbauen.

Mikroprozessoren und ihre Hilfsbausteine werden jedoch heute vorwiegend in MOS-Technik ausgeführt. Damit ergeben sich folgende Vorteile gegenüber anderen Schaltungstechniken:

1. Durch die hohe Packungsdichte lassen bis zu 100 000 Transistorfunktionen auf einer Fläche von ca. 5 X 5 mm unterbringen. Damit läßt sich auf der Grundfläche einer Zigarettenschachtel ein kompletter Mikrorechner aus drei Bausteinen aufbauen.

2. Die Leistungsaufnahme eines Mikroprozessors beträgt 0,5 bis 1,5 Watt; die gleiche Schaltung in TTL-Logik aufgebaut hätte etwa den 10- bis 100fachen Leistungsbedarf je nach dem, welchen Integrationsgrad die verwendeten Bauelemente haben.

3. Die Taktfrequenz von 1 bis 10 MHz reicht für die meisten Anwendungen aus; jedoch wäre hier die TTL-Logik um den Faktor 10 bis 20 schneller.

4. Durch eine weitgehend automatisierte Massenfertigung kostet ein Standard-Mikroprozessor bzw. ein Speicher- oder Ein/Ausgabebaustein zwischen 5 und 20 DM, ein einfacher Mikrorechner zwischen 50 und 500 DM.

Dieser Abschnitt faßt die wichtigsten Grundlagen der Halbleitertechnik zusammen und soll das Verständnis für die Bausteine und die damit aufgebauten Schaltungen erleichtern. Das Literaturverzeichnis enthält ergänzende und weiterführende Literatur.

3.1.1 Die MOS-Technik

Die Abkürzung MOS bedeutet Metal-Oxide-Semiconductor gleich Metalloxid-halbleiter. Durch Anlegen einer Steuerspannung wird ein Strom aus Ladungsträgern einer Polarität gesteuert. In der älteren P-Kanaltechnik sind es positive, in der neueren N-Kanaltechnik sind es negative Ladungsträger.

Bild 3-1 zeigt den Aufbau und das Schaltbild eines selbstleitenden NMOS-Transistors, bei dem ohne Anlegen einer Steuerspannung negative Ladungsträger vorhanden sind.

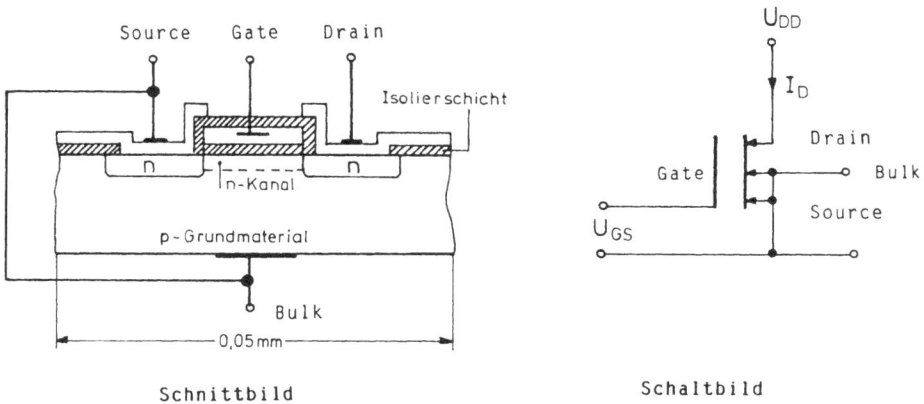

Schnittbild   Schaltbild

Bild 3-1: Aufbau eines selbstleitenden NMOS-Transistors

Auf einem schwach p-leitenden Grundmaterial aus Silizium (Bulk) befinden sich zwei hochdotierte n-leitende Anschlußzonen: Source gleich Quelle und Drain gleich Senke. Zwischen den Anschlußzonen liegt ein n-leitender Kanal. Über dem Kanal befindet sich eine Steuerelektrode (Gate). Ohne Steuerspannung fließt ein Strom, da der Kanal selbstleitend ist; der Transistor leitet. Durch Anlegen einer negativen Steuerspannung verarmt der Kanal an Ladungsträgern, die in das p-Grundmaterial zurückgedrängt werden; der Transistor sperrt. Die Schaltung arbeitet als Verstärker. Die Eingangsspannung steuert den Ausgangsstrom. Legt man einen Arbeitswiderstand in den Ausgangsstromkreis, so wirkt die Schaltung als NICHT-Schaltung oder Inverter. Widerstände werden durch leitende Zonen, Kapazitäten durch isolierte Zonen hergestellt.

Die Silizium-Steuerelektrode (Gate) ist durch eine dünne (0,1 µm) und hochohmige (ca. 10^{18} Ohm) Schicht aus Siliziumoxid gegen den Kanal und das Grundmaterial isoliert. Sie kann durch Überspannungen wie z.B. statische Aufladung des Bausteins zerstört werden. Obwohl alle MOS-Bausteine Schutzschaltungen enthalten, empfehlen die Hersteller, MOS-Bauelemente nur in leitender Verpackung zu transportieren und nur mit geerdeten bzw. entladenen Werkzeugen zu behandeln.

Im statischen Betrieb wird dauernd eine Steuer-Gleichspanung angelegt. Der Eingangsstrom beträgt ca. 10^{-10} bis 10^{-15} A; die Leistungsaufnahme pro Transistor 0,1 bis 1 mW. Mikroprozessoren, die mit statischen Schaltungen arbeiten (Z80) haben keine untere Grenzfrequenz.

Im dynamischen Betrieb lädt man die Eingangskapazitäten von 1 bis 5 pF nur auf. Die sich langsam abbauenden Steuerladungen müssen durch Taktschaltungen wieder aufgefrischt werden. Der Leistungsbedarf verringert sich auf etwa 0,001 bis 0,01 mW pro Transistor. Die Mikroprozessoren 68xx arbeiten mit dynamischen Schaltungen. Der Zweiphasentakt zum Wiederauffrischen wird auf dem Baustein erzeugt. Die untere Grenzfrequenz beträgt ca. 100 KHz.

Durch die geringen Abmessungen eines MOS-Transistors von ca. 40 X 40 µm ist es möglich, 10 000 bis 50 000 Transistorfunktionen auf einer Grundfläche von 5 X 5 mm unterzubringen. Es wird erwartet, daß es durch Fortschritte in der Halbleitertechnik möglich sein wird, die Packungsdichte auf über 200 000 Transistoren pro Baustein zu steigern und damit noch leistungsfähigere Schaltungen aufzubauen.

Die in diesem Buch behandelten Mikroprozessoren 68xx enthalten N-Kanal-Transistoren ähnlich Bild 3-1. Die Prozessoren der ersten Generation wie z.B. der Typ 8008 wurden in selbstsperrender P-Kanal-Technik hergestellt. Das Grundmaterial besteht dabei aus n-Silizium, die Anschlußzonen aus p-dotiertem Silizium. Ohne Steuerspannung sperrt der Transistor. Durch Anlegen einer negativen Steuerspannung entsteht ein p-leitender Kanal zwischen den Anschlußzonen; der Transistor leitet.

Anwendungen in der Mikrocomputertechnik:

Die Standard-Mikroprozessoren, -Speicherbausteine und -Ein/Ausgabebausteine werden in NMOS-Technik hergestellt, die durch die verschiedenen Hersteller verfeinert und verbessert worden ist. Die Versorgungsspannung beträgt +5 Volt. Ältere Bausteine benötigten Vorspannungen von -5 Volt und +12 Volt.

3.1.2 Die CMOS-Technik

Die Abkürzung CMOS bedeutet Complementary-Metal-Oxide-Semiconductor gleich komplementärer Metalloxidhalbleiter. Auch hier steuert eine Spannung Ladungsträger einer Polarität. **Bild 3-2** zeigt als Beispiel den Aufbau einer CMOS-Schaltung bestehend aus einem PMOS- und einem NMOS-Transistor.

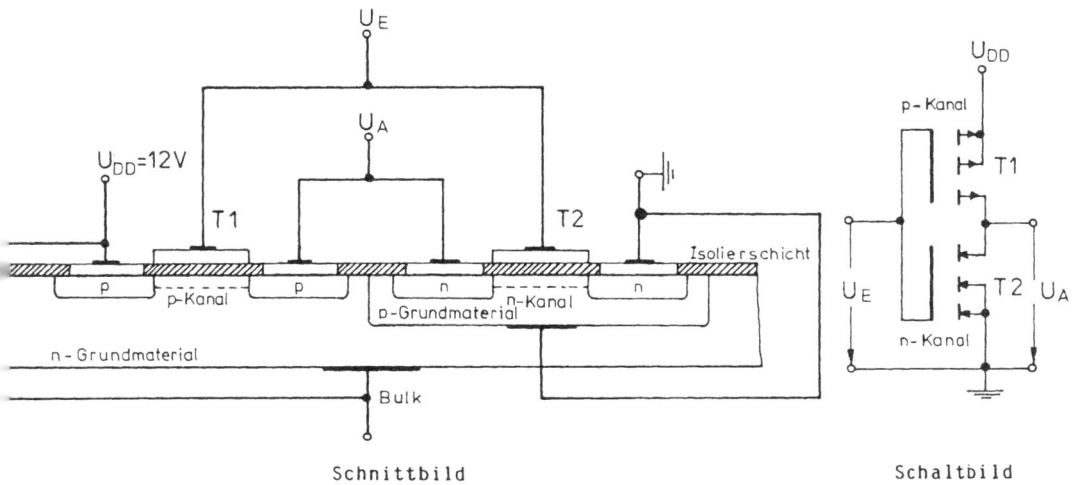

Bild 3-2: Aufbau einer CMOS-Schaltung

Die beiden Transistoren T1 und T2 sind selbstsperrend. Bei Spannungen kleiner als 3 Volt zwischen der Steuerelektrode und dem Grundmaterial, das mit dem Sourceanschluß verbunden ist, haben sie einen hohen Widerstand und sperren den Strom. Bei hoher Spannung über 3 Volt zwischen der Steuerelektrode und dem Grundmaterial bildet sich ein leitender Kanal zwischen den beiden Anschlußzonen.

Bei hoher Eingangsspannung UE sperrt der obere Transistor T1, da seine Steuerelektrode und sein Grundmaterial auf gleichem Potential liegen. Der untere Transistor T2 ist jedoch leitend, da sein Grundmatarial auf Erdpotential liegt und damit eine hohe Potentialdifferenz zwischen der Steuerelektrode und dem Grundmaterial besteht, die den Kanal leitend macht. Dieser leitende Kanal legt den Ausgang der Schaltung auf Erdpotential. Der obere sperrende Kanal des Transistors T1 trennt den Ausgang von der Versorgungsspannung.

Bei niedriger Eingangsspannung UE leitet der obere Transistor T1 und legt den Ausgang der Schaltung auf das Potential der Versorgungsspannung, da der obere Kanal durch die Potentialdifferenz zwischen Steuerelektrode und Grundmaterial leitend wird. Der untere Transistor T2 sperrt, da seine Steuerelektrode und sein Grundmaterial auf gleichem Potential liegen.

Bei hoher Eingangsspannung UE ergibt sich also eine niedrige Ausgangsspannung UA; eine niedrige Eingangsspannung UE hat eine hohe Ausgangsspannung UA zur Folge. Die CMOS-Schaltung des Bildes 3-2 wirkt als NICHT-Schaltung oder Inverter.

Da in der CMOS-Technik immer nur einer der beiden Transistoren leitet und der andere sperrt, fließt nur beim Umschalten ein allerdings von der Schaltfrequenz abhängiger Ladestrom. Der Ruhestrom ist vernachlässigbar klein. Ähnlich wie MOS-Schaltungen sind auch CMOS-Schaltungen empfindlich gegen Überspannungen und in ihrer Taktfrequenz und Leistungsabgabe beschränkt.

Anwendungen in der Mikrocomputertechnik:

Mikroprozessoren und Speicherbausteine mit äußerst geringer Leistungsaufnahme für Batteriebetrieb werden in CMOS-Technik hergestellt. Für einige Mikroprozessoren und auch für Peripheriebausteine gibt es Ausführungen in CMOS-Technik. Unter der Bezeichnung 74HCXX ist neuerdings eine Serie von schnellen Logikbausteinen verfügbar, die für Zusatzschaltungen eingesetzt werden kann. Die ältere Standard-CMOS-Serie CD 40XX ist für die meisten Mikrorechneranwendungen zu langsam. Die Versorgungsspannung von CMOS-Bausteinen kann zwischen +3 und +15 Volt gewählt werden.

3.1.3 Die bipolare Technik

Im Gegensatz zur MOS- und CMOS-Technik arbeitet die bipolare Technik mit Grenzschichten zwischen Ladungen beider Polaritäten. Der bipolare Transistor besteht aus drei Halbleiterzonen mit zwei pn-Übergängen. **Bild 3-3** zeigt den Aufbau eines npn-Transistors in Planartechnik.

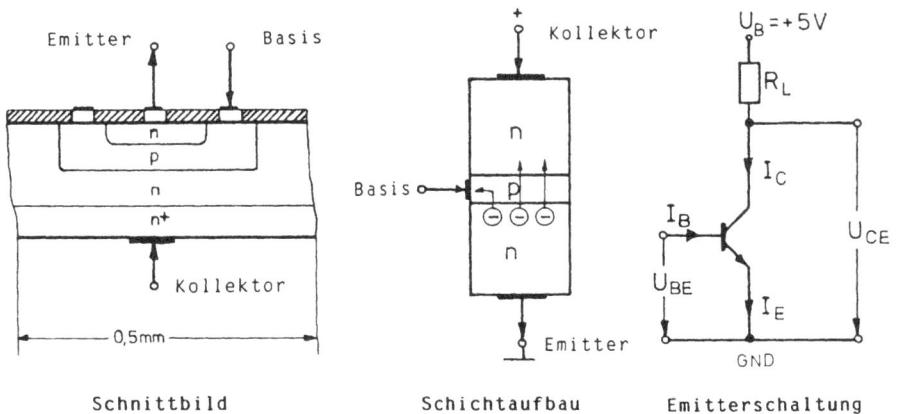

Bild 3-3: npn-Planartransistor

Ein pn-Übergang wirkt wie eine Diode, die entweder in Durchlaß- oder in Sperr-Richtung betrieben wird. Die Diode sperrt, wenn an der p-Schicht ein negatives und an der n-Schicht ein positives Potential anliegt, da die Grenzschicht durch die anliegenden Potentiale an Ladungsträgern verarmt. Die Diode

leitet, wenn an der p-Schicht ein positives und an der n-Schicht ein negatives
Potential anliegt, da die Grenzschicht mit Ladungsträgern überschwemmt wird

Der pn-Übergang (Bild 3-3) zwischen Basis und Kollektor wird immer in
Sperr-Richtung betrieben. Die Polarität der Spannung zwischen Basis und Emitter bestimmt, ob die Basis-Emitter-Diode durchläßt oder sperrt.

Ist die Basis negativ gegenüber dem Emitter oder liegen beide Anschlüsse auf
gleichem Potential, so sperrt der pn-Übergang zwischen Basis und Emitter; der
Basisstrom IB und daraus folgend der Kollektorstrom IC sind bis auf Restströme Null. Ist jedoch die Basis positiv gegenüber dem Emitter, so leitet
der pn-Übergang zwischen Basis und Emitter; es fließt ein Strom in der technischen Stromrichtung von der Basis zum Emitter. Physikalisch gesehen sendet
jedoch der Emitter negative Ladungsträger (Elektronen) aus, die zum Teil die
dünne Basisschicht durchwandern und vom Kollektor eingesammelt werden. Es
fließen zwei Ströme (technische Stromrichtung): der Basisstrom IB von der
Basis zum Emitter und der Kollektorstrom IC vom Kollektor zum Emitter. Die
Stromverstärkung B = IC/IB beträgt etwa 100. Beim pnp-Transistor sind die
Strom- und Spannungsrichtungen umzudrehen.

Die elektrischen Eigenschaften eines Transistors sind abhängig von der geometrischen Anordnung der Anschlüsse und Schichten. Im normalen Betrieb ist der
Kollektor positiv und und Emitter negativ. Der Basisstrom steuert den vom
Kollektor zum Emitter fließenden Strom. Der Schichtaufbau zeigt jedoch, daß
man die Potentiale von Emitter und Kollektor vertauschen kann. Im Inverse-
trieb hat der Emitter ein höheres Potential als der Kollektor; wird die Basis-
Kollektor-Diode in Durchlaßrichtung betrieben, so fließt ein Strom vom Emitter zum Kollektor. Wegen der geometrischen Anordnung der Anschlüsse ist er
wesentlich geringer als der entsprechende Strom, der im Normalbetrieb vom
Kollektor zum Emitter fließt.

Im Gegensatz zu MOS- und CMOS-Schaltungen, die mit Steuerspannungen am
Eingang arbeiten, benötigen bipolare Schaltungen am Eingang einen Steuerstrom.
Sie haben jedoch eine größere Ausgangsleistung und eine höhere Arbeitsfre-
quenz. Die Standard-TTL-Technik arbeitet mit bipolaren Transistoren. TTL bedeutet Transistor-Transistor-Logik. Weiterentwicklungen zu geringerer Leistungsaufnahme und höherer Integrationsdichte sind die Low-Power-Schottky-
Technik (LS) und die Integrated-Injection-Logik (I^2L). Im Gegensatz zu MOS-
und CMOS-Schaltungen sind bipolare Schaltungen unempfindlich gegen statische Aufladungen.

Anwendungen in der Mikrocomputertechnik:

Bipolare Schaltungen werden als Leistungsverstärker (Treiber) am Ausgang
von MOS-Schaltungen und in Logikbausteinen der TTL-Serie für Zusatzschaltungen verwendet. Sehr schnelle Mikroprozessoren und Speicher werden ebenfalls in bipolarer Technik hergestellt. Die Logikbausteine der TTL-Serie
arbeiten wie die MOS-Schaltungen mit einer Versorgungsspannung von +5 Volt.

3.2   Schaltungstechnik

Im Gegensatz zur Analogtechnik verwendet die Digital- und Mikrorechnertechnik meist integrierte Bausteine und keine einzelnen Bauelemente (Transistoren, Dioden, Widerstände). In der vorwiegend eingesetzten positiven Logik gibt es nur zwei gültige Spannungsbereiche (Logikpegel): LOW im Bereich von 0 bis 0,8 Volt und HIGH von 2,0 bis 5 Volt. Der undefinierte Bereich von 0,8 bis 2,0 Volt ist zu vermeiden. LOW entspricht der logischen 0, HIGH der logischen 1. Die Datenblätter enthalten Angaben über Lastfaktoren, aus denen man entnehmen kann, wieviele Bausteine parallel geschaltet werden können.

Die Hauptbausteine der Mikrorechnertechnik sind die Mikroprozessoren, Speicherbausteine und Ein/Ausgabebausteine. Sie werden vorwiegend in MOS-Technik hergestellt. Für die logische Verknüpfung von Steuersignalen sowie für die Adreßdecodierung verwendet man meist Hilfsbausteine in TTL-LOW-POWER-Schottky-Technik mit der Typenbezeichnung 74LSXXX. LS steht für Low-Power-Schottky und kennzeichnet die verminderte Leistungsaufnahme gegenüber den Standard-TTL-Bausteinen. Diese werden vorwiegend als Leistungstreiber auf der Peripherieseite der Ein/Ausgabebausteine verwendet und haben die Typenbezeicnung 74XXX. XXX ist eine fortlaufende Numerierung, die keine Rückschlüsse auf die Funktion des Bausteins zuläßt. Diese Bezeichnungen wurden ursprünglich von einem bestimmten Hersteller eingeführt; sie werden jedoch heute von fast allen anderen Herstellern verwendet und sind Bestandteil der Sprache der Digital- und Mikrorechnertechnik geworden.

Dieser Abschnitt beschreibt die für den Anwender wichtigen Eingangs- und Ausgangsschaltungen, die für den Entwurf und den Betrieb von Mikrorechnern von Bedeutung sind. Bei TTL-Schaltungen verwendet man üblicherweise den Baustein 7400 bzw. 74LS00 (NAND-Schaltung) als Bezugsgröße. Als Beispiel für MOS-Schaltungen dient hier der Mikroprozessor 6809. Alle in den Datenblättern der Hersteller genannten absoluten Werte sind Garantiewerte für die ungünstigsten Betriebsbedingungen (worst case). Sie liegen in der praktischen Anwendung oft wesentlich günstiger.

3.2.1 Eingangsschaltungen

Bild 3-4 zeigt ein Beispiel für eine Eingangsschaltung in der MOS-Technik.

Der MOS-Transistor T1 wird von der Eingangsspannung UE angesteuert und ist entweder leitend oder gesperrt. Der Transistor T2 wirkt als Lastwiderstand. Alle Eingangsspannungen kleiner 0,8 Volt werden als LOW und alle Spannungen größer 2,0 Volt werden als HIGH erkannt. Der Eingangsstrom wird mit maximal 10 µA angegeben; er ist vernachlässigbar klein. Wichtiger für die Auslegung von Mikrorechnern ist die Eingangskapazität von maximal 15 pF. Bei einer Parallelschaltung von Bausteinen addieren sich die Eingangskapazi-

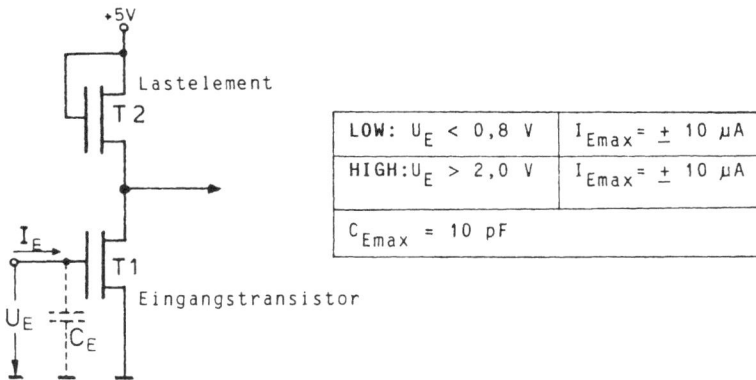

LOW: U_E < 0,8 V	I_{Emax} = ± 10 µA
HIGH:U_E > 2,0 V	I_{Emax} = ± 10 µA
C_{Emax} = 10 pF	

Bild 3-4: MOS-Eingangsschaltung

täten ihrer Eingänge. Läßt man einen MOS-Eingang offen (unbeschaltet), so kann er durch Einstreuungen und statische Aufladung ein undefiniertes oder sich veränderndes Potential annehmen. Unbeschaltete MOS-Eingänge sind wegen ihrer wechselnden logischen Zustände eine sehr schwer zu findende Fehlerquelle.

Bild 3-5 zeigt den typischen Eingang einer TTL-Schaltung, bei der die Eingangsspannung UE den Emitter des Transistors T1 und dieser die Basis von T2 ansteuert.

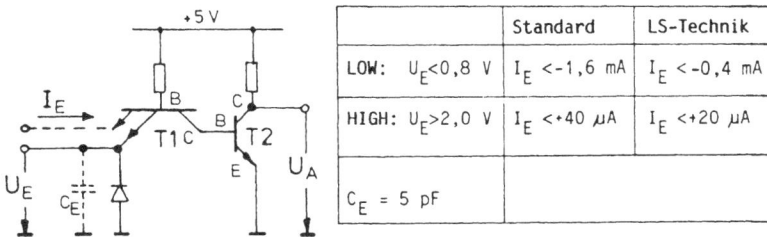

	Standard	LS-Technik
LOW: U_E<0,8 V	I_E <-1,6 mA	I_E <-0,4 mA
HIGH: U_E>2,0 V	I_E <+40 µA	I_E <+20 µA
C_E = 5 pF		

Bild 3-5: TTL-Eingangsschaltung

Alle Eingangsspannungen kleiner als 0,8 Volt werden als LOW erkannt. In diesem Zustand fließt ein Strom von maximal -1,6 mA (bei LS -0,4 mA) aus dem Eingang heraus; dies wird durch das negative Vorzeichen ausgedrückt. Der Transistor T1 leitet. Damit liegt sein Kollektor auf niedrigem Potential und sperrt den Transistor T2. Die Ausgangsspannung UA ist damit HIGH.

Alle Eingangsspannungen größer als 2,0 Volt werden als HIGH erkannt. In diesem Zustand wird der Eingangstransistor T1 invers betrieben. Es fließt ein Strom von maximal 40 µA (bei LS 20 µA) in den Eingang hinein und vom Emitter zum Kollektor. Der Kollektorstrom schaltet den Transistor T2 durch. Die Ausgangsspannung UA ist LOW.

Die Eingangskapazität von maximal 5 pF wird bei der Auslegung von TTL-Schaltungen vernachlässigt. Bei der Parallelschaltung von Eingängen summieren sich die Ströme; sie müssen von den Ausgangsschaltungen aufgenommen (LOW) bzw. geliefert werden (HIGH). Die in der Tabelle Bild 3-5 angegebenen maximalen Ströme bilden eine TTL-Last. Die Schaltung hat ein "fan in" von 1. Dieser "Eingangsfächer" oder Eingangs-Lastfaktor ist die willkürlich gewählte Bezugsgröße für alle Lastberechnungen. Eine Eingangsschaltung in Standard-TTL-Technik mit einem Lastfaktor oder "fan in" von 2 liefert bei LOW einen Strom von -3,2 mA und nimmt bei HIGH einen Strom von +80 µA auf. Bei LS-Eingängen sind es bei einem Lastfaktor von 2 die Ströme -0,8 mA und + 40 µA. Die meisten Ausgangsschaltungen können 10 Standard-Eingänge (Eingangs-Lastfaktor 1) treiben.

Der TTL-Eingang Bild 3-5 besteht aus einem Transistor, bei dem der Emitter entweder mit LOW-Potential normal oder mit HIGH-Potential invers betrieben wird. Bei einem Multi-Emitter-Transistor bilden mehrere Eingangsemitter eine logische UND-Verknüpfung, die zusätzlich durch den Transistor T2 negiert wird. Nur wenn alle Eingangsemitter auf HIGH-Potential liegen, wird die Basis von T2 angesteuert und legt den Ausgang UA auf LOW-Potential. Ist jedoch ein Eingangsemitter LOW, so ist auch der Kollektor LOW. T2 ist gesperrt; und der Ausgang ist HIGH. Die Schaltung Bild 3-5 wirkt mit dem zusätzlich gestrichelt eingezeichneten Emitter wie eine NAND-Schaltung.

Unbeschaltete (offene) TTL-Eingänge nehmen im Gegensatz zu MOS-Schaltungen ein HIGH-Potential an. Es wird jedoch empfohlen, nicht benutzte TTL-Eingänge auf festes LOW- oder HIGH-Potential zu legen.

3.2.2 Ausgangsschaltungen

Es gibt drei Arten von Ausgangsschaltungen:

a. den Gegentaktausgang (totem pole),

b. den Offenen-Kollektor-Ausgang (open Collector o.C.) und

c. den Drei-Zustands-Ausgang (tristate).

Sie werden zunächst an Beispielen der TTL-Technik erklärt. **Bild 3-6** zeigt einen Gegentaktausgang mit bipolaren Transistoren; die gleiche Schaltung gibt es auch in der MOS-Technik mit MOS-Transistoren.

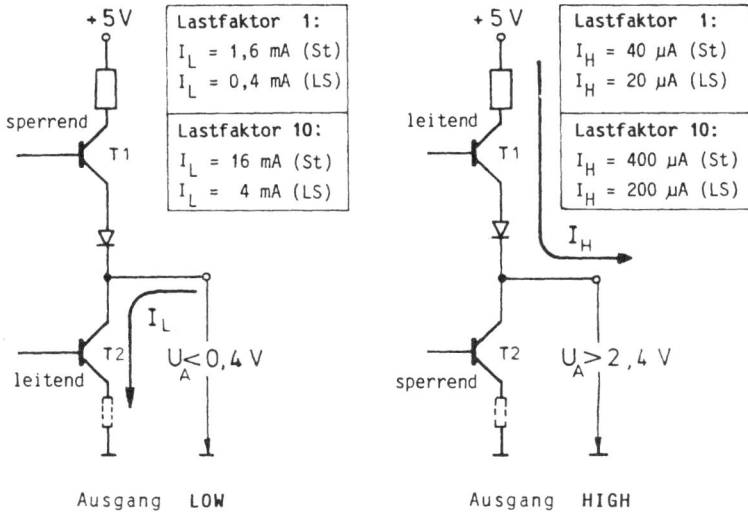

+5 V	Lastfaktor 1:
	I_L = 1,6 mA (St)
sperrend	I_L = 0,4 mA (LS)
T1	
	Lastfaktor 10:
	I_L = 16 mA (St)
	I_L = 4 mA (LS)

I_L T2 $U_A < 0,4$ V

leitend

Ausgang LOW

+5 V	Lastfaktor 1:
	I_H = 40 µA (St)
leitend	I_H = 20 µA (LS)
T1	
	Lastfaktor 10:
	I_H = 400 µA (St)
	I_H = 200 µA (LS)

I_H

T2 $U_A > 2,4$ V

sperrend

Ausgang HIGH

Bild 3-6: Gegentaktausgang

Im LOW-Zustand sperrt der obere Transistor T1, und der untere leitende Transistor T2 legt den Ausgang auf LOW-Potential. Durch den Spannungsabfall an dem gestrichelt eingetragenen inneren Widerstand des Transistors T2 ist die Ausgangsspannung abhängig vom aufgenommenen Strom. Je höher der Strom, umso mehr steigt die Ausgangsspannung an. Die Lastfaktoren und damit die Treiberfähigkeit der einzelnen Bausteine müssen den Datenblättern entnommen werden. Bei einem Ausgangs-Lastfaktor ("fan out") von 10 können an einen Ausgang 10 Eingänge mit dem Eingangs-Lastfaktor 1 angeschlossen werden, ohne daß die Ausgangsspannung größer wird als 0,4 Volt. Da die Eingänge alle Spannungen kleiner als 0,8 Volt als LOW erkennen, bleibt ein sogenannter "Störabstand" von 0,4 Volt zwischen der gelieferten Ausgangsspannung und der erforderlichen Eingangsspannung für LOW.

Im HIGH-Zustand sperrt der untere Transistor T2, und der obere leitende Transistor T1 legt den Ausgang auf HIGH-Potential. Die Ausgangsspannung ist wieder abhängig vom entnommenen Strom und damit von der Belastung. Je höher der Strom umso mehr sinkt die Ausgangsspannung ab. Bei einem Ausgangs-Lastfaktor ("fan out") von 10 können an einen Ausgang wieder 10 Eingänge mit dem Eingangs-Lastfaktor 1 angeschlossen werden, ohne daß die Ausgangsspannung unter 2,4 Volt sinkt. Da die Eingänge alle Spannungen größer als 2,0 Volt als HIGH erkennen, bleibt wieder ein "Störabstand" von 0,4 Volt, der als Einstreuung oder Spannungsabfall auf der Verbindungsleitung zulässig ist.

Gegentakt-Ausgänge dürfen im Gegensatz zu Ausgängen mit offenem Kollektor oder Tristate-Verhalten nicht parallel geschaltet werden. Sie müssen durch UND- bzw. ODER-Schaltungen verknüpft werden.

Beim Offenen-Kollektor-Ausgang nach **Bild 3-7** entfällt der obere Transistor, der den Ausgang auf HIGH-Potential schaltet. Dieser "Oben-ohne-Ausgang" heißt in der MOS-Technik Open-Drain.

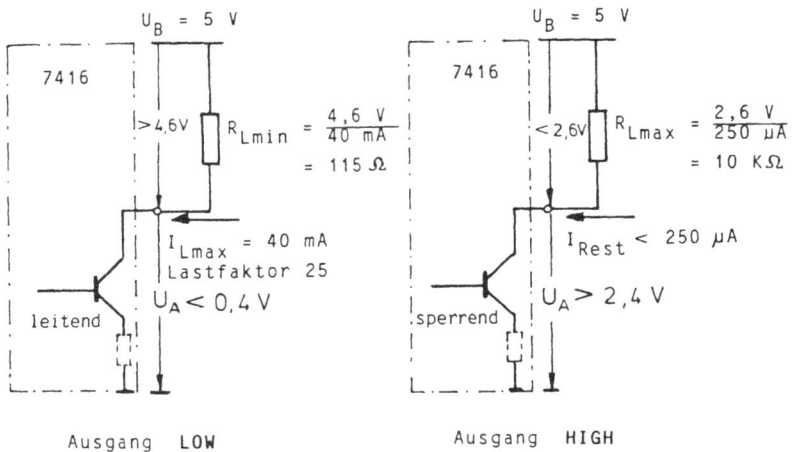

$$U_B = 5\,V \qquad U_B = 5\,V$$

7416

$$> 4{,}6V \qquad R_{Lmin} = \frac{4{,}6\ V}{40\ mA}$$
$$= 115\ \Omega$$

7416

$$< 2{,}6V \qquad R_{Lmax} = \frac{2{,}6\ V}{250\ \mu A}$$
$$= 10\ K\Omega$$

$$I_{Lmax} = 40\ mA$$
Lastfaktor 25
$$U_A < 0{,}4\ V$$

$$I_{Rest} < 250\ \mu A$$

$$U_A > 2{,}4\ V$$

leitend   sperrend

Ausgang **LOW**   Ausgang **HIGH**

Bild 3-7: TTL-Offener-Kollektor-Ausgang

Für den Betrieb des Offenen-Kollektor-Ausgangs ist ein Lastwiderstand RL erforderlich. Er muß so gewählt werden, daß bei allen Betriebsbedingungen der LOW-Pegel von höchstens 0,4 Volt und der HIGH-Pegel von mindestens 2,4 Volt am Ausgang eingehalten wird. Dabei darf der höchstzulässige Strom im LOW-Zustand nicht überschritten werden.

Leitet der Ausgangstransistor, so wird der Ausgang auf LOW-Potential gelegt. Je größer der aufgenommene Strom ist, umso größer wird die Ausgangsspannung. Der als Beispiel im Bild 3-7 dargestellte Ausgang kann maximal im LOW-Zustand einen Strom von 40 mA aufnehmen, ohne daß die Ausgangsspannung größer als 0,4 Volt wird. Dies entspricht einem Ausgangs-Lastfaktor von 25 für den LOW-Zustand. Eine weitere Grenze für den Ausgangsstrom liegt in der Erwärmung des Bausteins. Der zur Strombegrenzung dienende Lastwiderstand darf daher einen bestimmten Mindestwert nicht unterschreiten. In dem Beispiel beträgt er 115 Ohm. Er wird nach dem Ohmschen Gesetz R = U/I berechnet. Als Spannung am Lastwiderstand ist die Betriebsspannung abzüglich dem LOW-Potential von 0,4 Volt anzusetzen. I ist der bei LOW durch den Widerstand fließende Strom.

Sperrt der Ausgangstransistor, so liegt der Ausgang über den Lastwiderstand auf HIGH-Potential. Es fließt jedoch ein Reststrom von maximal 250 µA, da der Transistor kein idealer Schalter ist. Dieser Reststrom verursacht einen Spannungsabfall am Lastwiderstand, der das HIGH-Potential vermindert. Der Lastwiderstand darf daher einen bestimmten Höchstwert nicht überschreiten. Er wird nach dem Ohmschen Gesetz R = U/I bestimmt. Als Spannung ist die Betriebsspannung abzüglich dem HIGH-Potential von 2,4 Volt anzusetzen. I ist der bei HIGH durch den Widerstand fließende Strom.

Bild 3-8 zeigt ein Anwendungsbeispiel für den Offenen-Kollektor-Ausgang bei einem Steuersignal, das aktiv LOW ist, also bei LOW-Potential einen bestimmten Vorgang auslösen soll.

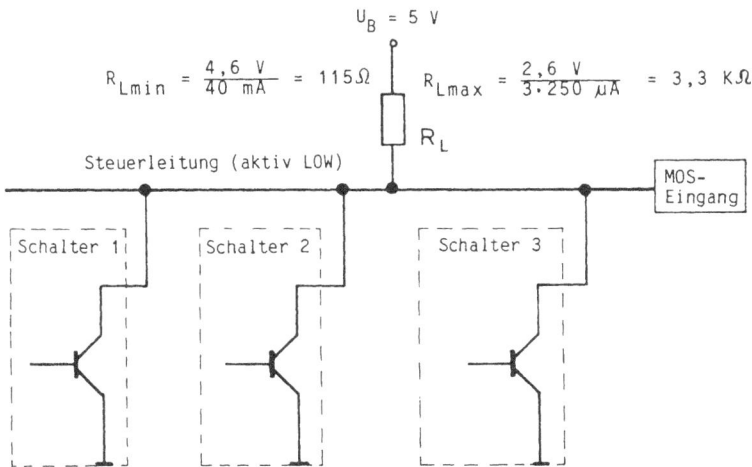

$$U_B = 5 \text{ V}$$

$$R_{Lmin} = \frac{4,6 \text{ V}}{40 \text{ mA}} = 115 \,\Omega \qquad R_{Lmax} = \frac{2,6 \text{ V}}{3 \cdot 250 \text{ µA}} = 3,3 \text{ K}\Omega$$

Bild 3-8: Verdrahtetes ODER für aktiv LOW

Ein Steuersignal ist aktiv LOW und soll von drei verschiedenen Stellen aus mit dem Schalter 1 ODER dem Schalter 2 ODER dem Schalter 3 ausgelöst werden. Alle drei Schalter haben Offene-Kollektor-Ausgänge, die auf einen gemeinsamen Lastwiderstand RL geschaltet sind. Sind alle Ausgänge HIGH, so ist auch das Steuersignal HIGH und nicht aktiv. Es genügt jedoch, einen der drei Ausgänge auf LOW zu bringen, um den gemeinsamen Ausgang auf LOW zu legen und damit den Vorgang aktiv LOW auszulösen. Würde man Schalter mit Gegentakt-Ausgängen nach Bild 3-6 verwenden, so müßten diese mit einer zusätzlichen ODER-Schaltung verknüpft werden, denn Gegentakt-Ausgänge lassen sich nicht parallel schalten. Der Maximalwert des Lastwiderstandes ergibt sich aus der Summe der Restströme; sein Minimalwert aus dem zulässigen Strom eines Ausgangs. Arbeitet die Schaltung auf einen oder mehrere TTL-Eingänge, so sind deren Eingangsströme bei HIGH und bei LOW entsprechend zu berücksichtigen. In grober Annäherung kann man jedoch einen TTL-Eingang wie auch einen MOS-Eingang vernachlässigen und nur die parallel geschalteten Offenen-Kollektor-Ausgänge bei der Dimensionierung des Lastwiderstandes berücksichtigen. Der Lastwiderstand sollte möglicht niedrig gewählt werden, um das Schaltverhalten zu verbessern.

Bild 3-9 zeigt als Beispiel für die Anwendung des Offenen-Kollektor-Ausgangs in einer Peripherie-Schaltung die Ansteuerung einer Leuchtdiode (LED).

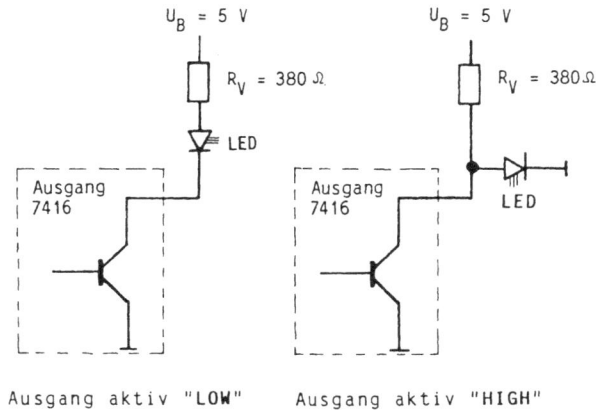

Ausgang aktiv "LOW"   Ausgang aktiv "HIGH"

Bild 3-9: Leistungstreiber zur LED-Ansteuerung

Anstelle des Lastwiderstandes verwendet die Schaltung einen Verbraucher – hier eine Leuchtdiode – mit einem Vorwiderstand zur Strombegrenzung. Der Widerstand wird unter Berücksichtigung des maximal zulässigen Stromes so dimensioniert, daß sich die geforderte Helligkeit bzw. Lebensdauer der Leuchtdiode einstellt. Da hier keine weiteren Logik-Bausteine angesteuert werden müssen, brauchen auch die zulässigen Ausgangspotentiale für LOW und HIGH nicht mehr eingehalten zu werden. Zum Anschluß von Verbrauchern, die höhere Spannungen als die Versorgungsspannung von 5 Volt benötigen, gibt es Bausteine, die am Ausgang mit Spannungen von 30 oder 60 Volt betrieben werden können.

Die Schaltung des Bildes 3-9 links ist aktiv LOW. Ein LOW-Potential am Ausgang löst den gewünschten Vorgang, das Aufleuchten der Leuchtdiode, aus. Es fließt ein Strom in den Kollektor-Anschluss hinein. Ist der Ausgang HIGH, so geht die Leuchtdiode aus, da beide Anschlüsse auf gleichem Potential liegen.

Die Schaltung des Bildes 3-9 rechts ist aktiv HIGH. Ein HIGH-Potential am Ausgang läßt die Leuchtdiode aufleuchten, da die Anode auf HIGH liegt; der über den Ausgang abfließende Reststrom kann dabei vernachlässigt werden. Ist jedoch der Ausgang LOW, so schaltet der Transistor durch und legt die Anode der LED auf LOW, und die Leuchtdiode geht aus.

Bild 3-8 zeigte bereits einen Weg, mehrere Bausteine durch ein verdrahtetes ODER parallel zu schalten. Dieses Verfahren wird vorwiegend bei Steuersignalen eingesetzt. Zur Parallelschaltung von Adreß- und Datenleitungen verwendet man den Drei-Zustands- oder Tristate-Ausgang nach **Bild 3-10**. Auch in der deutschen Fachliteratur hat sich die Bezeichnung "Tristate" eingebürgert.

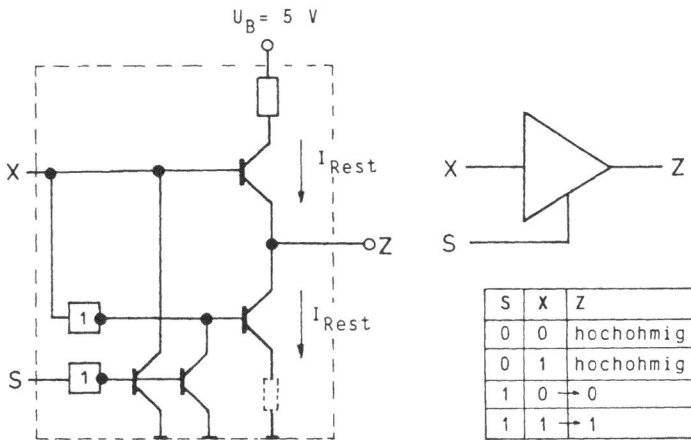

S	X	Z
0	0	hochohmig
0	1	hochohmig
1	0	→ 0
1	1	→ 1

Bild 3-10: Drei-Zustands- oder Tristate-Ausgänge

"Tristate" oder nach in einer anderen Herstellerbezeichnung "Threestate" bedeutet, daß der Ausgang drei elektrische Zustände annehmen kann. Im hochohmigen Zustand wird weder ein LOW- noch ein HIGH-Potential abgegeben, da beide Transistoren sperren. Das Ausgangspotential "schwebt". Es fließen jedoch Restströme in der Größenordnung von 10 μA (MOS) bis 50 μA (TTL). Der in der Tabelle des Bildes 3-10 dargestellte Steuereingang S ist aktiv HIGH, da für S = HIGH die Ausgangstransistoren freigegeben werden und wie beim Gegentakt-Ausgang entweder ein LOW- oder ein HIGH-Potential auf den Ausgang legen. **Bild 3-11** zeigt ein Anwendungsbeispiel.

Vier Speicherbausteine arbeiten auf eine gemeinsame Datenleitung, die zum Mikroprozessor führt. Aufgrund einer Adresse wählt der Prozessor einen der vier Bausteine aus. Er soll seinen Speicherinhalt (Daten) an den Prozessor senden. Der Adreßdecoder sorgt dafür, daß nur ein Ausgang leitend ist; die drei anderen Ausgänge müssen sich im hochohmigen Zustand befinden. Da die meisten Adreßdecoder Aktiv-LOW-Ausgänge haben, werden im Gegensatz zum Bild 3-10 die Steuereingänge der Speicherbausteine ebenfalls aktiv LOW ausgeführt.

Die Adreß- und Datenausgänge und teilweise auch Steuerausgänge der MOS-Bausteine sind Tristate-Ausgänge. Da ein MOS-Ausgang etwa nur 10 MOS-Eingänge treiben kann, setzt man bei größeren Mikrorechnern Verstärker oder Bustreiber in TTL-LS-Technik ein. Dabei unterscheidet man unidirektionale Treiber, die z.B. Adressen und Steuersignale nur in einer Richtung verstärken und bidirektionale Treiber für Datenleitungen, bei denen durch einen weiteren Steuereingang die Verstärkungsrichtung umgeschaltet werden kann.

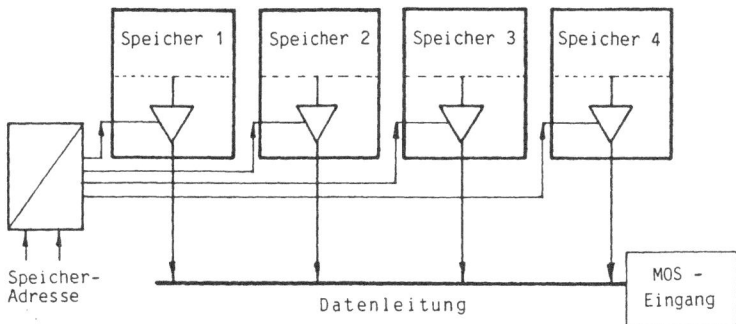

Bild 3-11: Parallelschaltung von Tristate-Ausgängen

3.2.3 Zusammenschaltung der Bausteine

Schaltet man mehrere MOS- bzw. TTL-Bausteine zusammen, so ergeben sich folgende Probleme:

1. Die in den vorigen Abschnitten genannten Spannungswerte für LOW- und für HIGH-Potential müssen auch unter den ungünstigsten Betriebsbedingungen eingehalten werden.

2. Die Eingangs- und Ausgangsschaltungen dürfen aus thermischen Gründen nur mit den zulässigen Strömen belastet werden.

3. Die Kurvenform der Signale soll möglichst erhalten bleiben. Die Signalverzögerungen durch Schaltzeiten und Abflachung der Flanken müssen innerhalb der zulässigen Toleranzen bleiben.

Bild 3-12 zeigt ein stark vereinfachtes Ersatzschaltbild für die Zusammenschaltung zweier Bausteine.

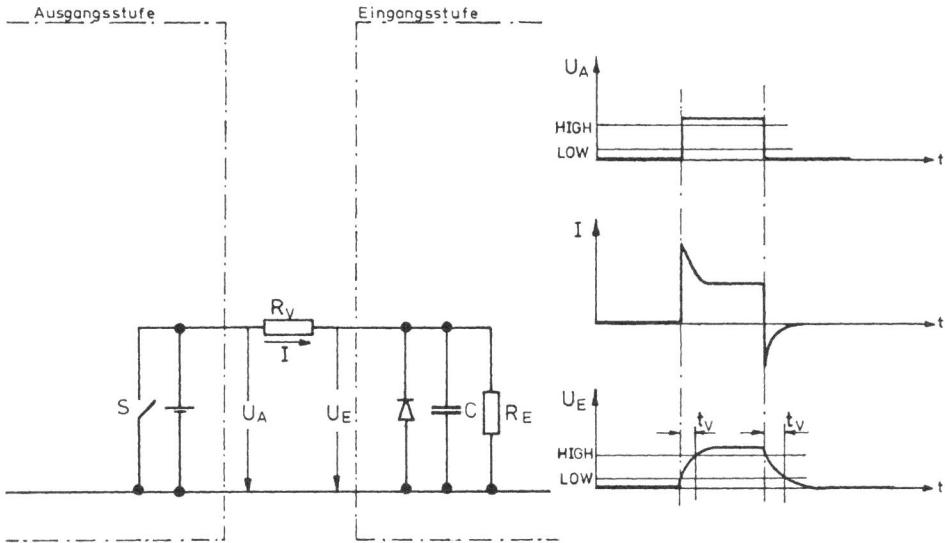

Bild 3-12: Zusammenschaltung zweier Bausteine

Die Ausgangsschaltung besteht aus einem idealen Schalter, der eine rechteck-
förmige Ausgangsspannung erzeugt. Der Innenwiderstand und der Leitungs-
widerstand wurden zu einem Vorwiderstand RV zusammengefaßt. Die Eingangsschaltung besteht aus einer Diode zur Unterdrückung negativer Spannungs-
spitzen, einem Kondensator, der die Kapazitäten des Ausgangs, der Leitung
und des Eingangs zusammenfaßt, und einem hochohmigen Parallelwiderstand.

Bei ideal rechteckförmiger Ausgangsspannung entstehen an den Flanken des
Stromes durch das Auf- und Entladen der Kapazitäten Einschalt- und Entlade-
spitzen. Die Eingangsspannung ist an den Flanken abgeflacht und in der Ampli-
tude gegenüber der Ausgangsspannung vermindert. Dadurch werden die Pegel
des LOW- und HIGH-Potentials später erreicht; die Signale werden verzögert.
Weitere Verzögerungen ergeben sich durch zusätzliche Logikbausteine und Treiber. Für TTL-Schaltungen kann man mit einer Verzögerungszeit von ca. 10 ns
pro Schaltung rechnen.

Die "Standard-TTL-Last" mit dem Lastfaktor 1 bildet die Grundlage für die
Auslegung von Mikrorechner-Schaltungen. Daher werden in den **Bildern 3-13**
und 3-14 noch einmal die Spannungen und Ströme dargestellt, die sich bei
einer TTL-Last ergeben. Trotz der unterschiedlichen Funktionsweise gelten
für MOS- und TTL-Schaltungen die gleichen Spannungspegel.

Ausgangsstufe   Eingangsstufe

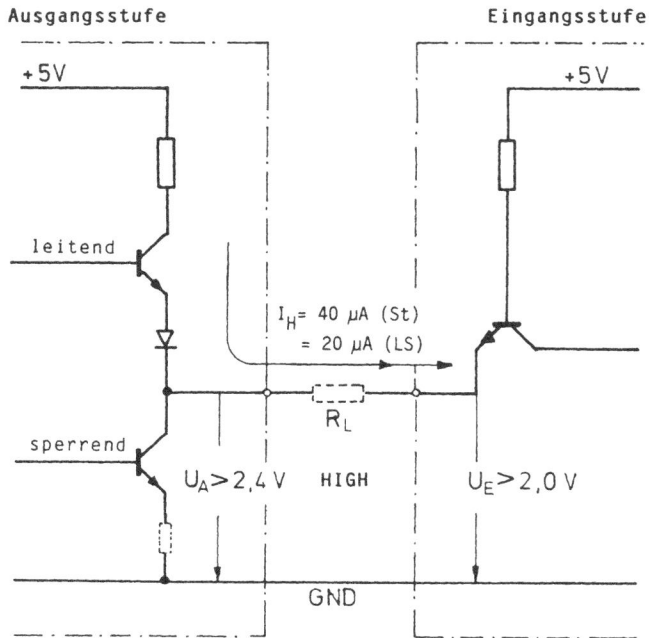

Bild 3-13: TTL-Last bei HIGH-Potential

Im HIGH-Zustand muß der treibende Ausgang mindestens eine Spannung von 2,4 Volt liefern, während die Eingänge alle Spannungen über 2,0 Volt als HIGH erkennen. Die Differenz von 0,4 Volt ist der Störspannungsabstand, der als Einstreuung oder Spannungsabfall auf der Leitung auftreten kann, ohne die Funktion der Schaltung zu beeinträchtigen.

Im LOW-Zustand darf der treibende Ausgang höchstens eine Spannung von 0,4 Volt liefern, während alle Eingänge Spannungen unter 0,8 Volt als LOW erkennen. Der Störspannungsabstand beträgt auch im LOW-Zustand 0,4 Volt.

Zur Erhöhung des Ausgangsstromes bzw. zur Erhöhung der Ausgangsspannung bei HIGH verwendet man "Pull-up"-Widerstände entsprechend **Bild 3-15.** Dies sind Widerstände, die parallel zu Gegentakt- oder Tristate-Ausgängen vom Ausgang zur Versorgungsspannung geschaltet werden.

Ausgangsstufe   Eingangsstufe

+5 V   +5 V

sperrend

leitend

$U_A < 0,4 V$ $I_L = 1,6$ mA (St) $U_E < 0,8 V$
                              $= 0,4$ mA (LS)

R_L

LOW

GND

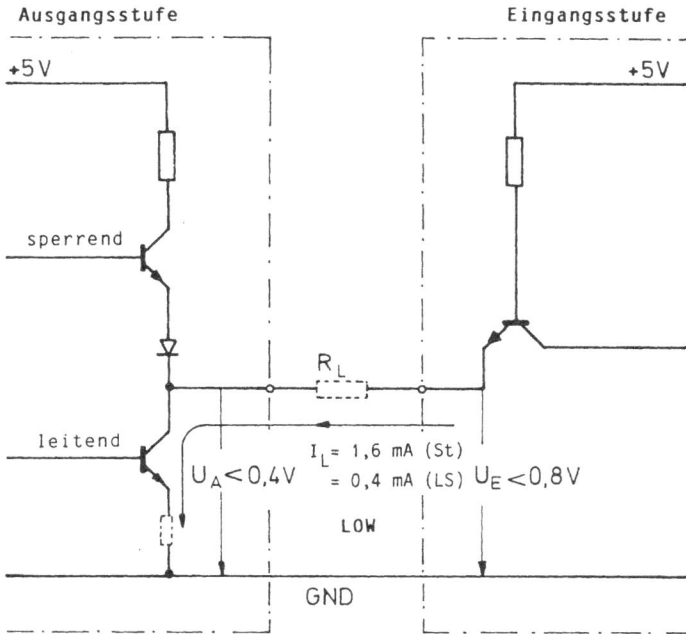

Bild 3-14: TTL-Last bei LOW-Potential

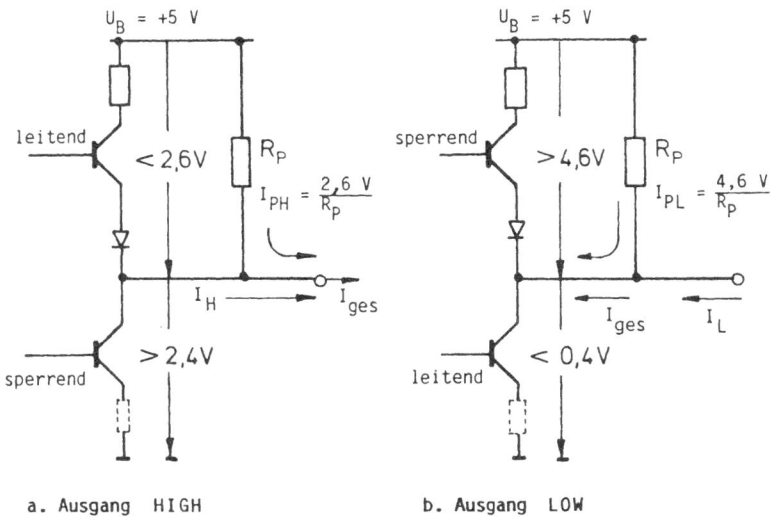

$U_B = +5$ V $U_B = +5$ V

leitend $< 2,6V$ R_P sperrend $> 4,6V$ R_P

$I_{PH} = \frac{2,6 \text{ V}}{R_P}$ $I_{PL} = \frac{4,6 \text{ V}}{R_P}$

$I_H \longrightarrow I_{ges}$ I_{ges} I_L

sperrend $> 2,4V$ leitend $< 0,4V$

a. Ausgang HIGH   b. Ausgang LOW

Bild 3-15: Wirkung eines Pull-up-Widerstandes

"Pull-up" bedeutet, daß das Ausgangspotential "heraufgezogen" wird. Damit wird das Potential bei HIGH verbessert, jedoch bei LOW verschlechtert. Für die Wirkung des Pull-up-Widerstandes bei HIGH entsprechend Bild 3-15a gibt es zwei Erklärungen. Mit dem Parallelwiderstand kann man bei gleichbleibender Ausgangsspannung einen zusätzlichen Strom entnehmen, der an dem Ausgangstransistor vorbeifließt und der keinen zusätzlichen Spannungsabfall verursacht. Oder man will bei gleichbleibender Belastung die Ausgangsspannung erhöhen. Durch den Parallelwiderstand zum Ausgang vermindert sich der Gesamtwiderstand und damit bei gleichbleibendem Strom der Spannungsabfall; die Ausgangsspannung steigt also an. Die Wirkung des Parallelwiderstandes ist umgekehrt proportional zu seiner Größe: ein kleiner Widerstand hebt die Spannung stark an.

Betrachtet man jedoch den Parallelwiderstand bei LOW entsprechend Bild 3-15b, so fließt nun ein zusätzlicher Strom durch den leitenden Transistor gegen Masse und erhöht die Ausgangsspannung. Wegen dieser verschlechternden Wirkung des LOW-Potentials sollte der Widerstand möglichst hoch gewählt werden.

Da die Dimensionierung des Pull-up-Widerstandes stark von den vorhandenen Belastungsverhältnissen abhängt, wurde seine Wirkung in einer Meßschaltung nach **Bild 3-16** untersucht.

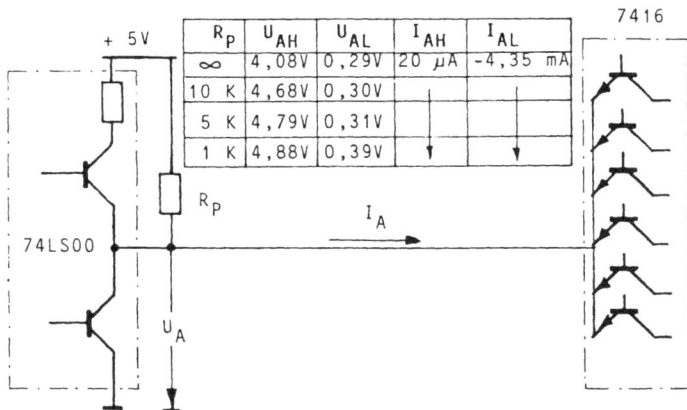

R_P	U_{AH}	U_{AL}	I_{AH}	I_{AL}
∞	4,08V	0,29V	20 µA	-4,35 mA
10 K	4,68V	0,30V		
5 K	4,79V	0,31V		
1 K	4,88V	0,39V		

Bild 3-16: Meßschaltung mit Pull-up-Widerstand

An den Ausgang der Bezugs-LS-Schaltung 74LS00 wurden sechs Standard-TTL-Schaltungen 7416 angeschlossen. Ohne Parallelwiderstand (unendlich) wurden Lastströme gemessen, die besonders bei HIGH wesentlich günstiger waren als die Garantiewerte der Datenblätter. Bei einer HIGH-Ausgangsspannung von über 4 Volt wäre eigentlich gar kein Pull-up-Widerstand erforderlich gewesen.

Die Tabelle des Bildes 3-16 zeigt die Wirkung der Widerstände von 10 KOhm, 5 KOhm und 1 KOhm. Am günstigsten wäre nach den vorliegenden Messungen ein Pull-up-Widerstand von 5 KOhm, der das HIGH-Potential um 0,7 Volt verbessert und das LOW-Potential um 0,02 Volt verschlechtert.

Bild 3-17 faßt die Kennwerte der Eingangs- und Ausgangsschaltungen verschiedener Bausteine zusammen und gibt Hinweise auf die Zahl der Eingänge, mit denen ein Ausgang belastet werden kann.

		MOS-Eingang	Standard TTL-Eing. 74xxx	LS-Logik Eingang 74LSxxx	LS-Eingang Bustreiber 74LS24x
	Kennwerte	5 - 15 pF	I_H = 40 µA	I_H = 20 µA	I_H = 20 µA
		± 10 µA	I_L =-1,6mA	I_L =-0,4mA	I_L =-0,2mA
MOS-Ausgang	für 150pF I_H=-400µA I_L = 2 mA	10 - 15	1 - 2	2 - 4	2 - 4
Standard TTL-Ausg. 74xxx	Lastf. 10 I_H=-400µA I_L = 16 mA	30	10	20	20
LS-Logik Ausgang 74LSxxx	Lastf. 20 I_H=-400µA I_L = 8 mA	30	(5)	20	20
LS-Ausg. Bustreib. 74LS24x	Lastf.60 I_H= -3 mA I_L = 12 mA	60	10	30 (LOW)	30 (LOW)

Bild 3-17: Zusammenschaltung verschiedener Bausteine

Die Kennwerte wurden den Datenblättern typischer Bausteine entnommen und stellen Garantiewerte dar, die - wie Messungen zeigen - wesentlich günstiger liegen können. Die Tabelle gibt weiterhin Hinweise auf die Zahl der Eingänge, die ein Ausgang treiben kann. Auch dies sind theoretische Werte. Zum Beispiel kann ein TTL-LS-Logikausgang laut Tabelle fünf Standard-TTL-Eingänge treiben. Die Meßergebnisse des Bildes 3-16 zeigen, daß selbst bei einer Belastung mit sechs Standard-TTL-Lasten noch ausreichende Sicherheit vorhanden ist.

Nicht in der Tabelle aufgeführt sind CMOS-Schaltungen, die auch mit einer Versorgungsspannung von +5 Volt betrieben werden können. Die ältere CMOS-Serie CD 40XX ist wegen der relativ langen Schaltzeit von ca. 50 ns und der begrenzten Treiberfähigkeit von einer TTL-Last für Mikrorechnerschaltungen wenig geeignet. Die neuere CMOS-Serie 74HCXX arbeitet mit Schaltzeiten von 10 ns und kann bei LOW 4 mA aufnehmen und bei HIGH 4 mA abgeben. Das LOW-Eingangspotential liegt bei maximal 1,0 Volt und ist mit MOS und TTL verträglich. Da HIGH-Eingangspotentiale über 3,5 Volt liegen müssen, sind am Ausgang von MOS- und TTL-Schaltungen Pull-up-Widerstände oder Treiber mit Offenem-Kollektor-Ausgang erforderlich, die das Ausgangspotential anheben. CMOS-Ausgänge können in jedem Fall MOS- und TTL-Eingänge treiben.

Bild 3-18 zeigt abschließend die Bausteine eines Mikrorechners und ihre Ausführung in verschiedenen Schaltungstechniken.

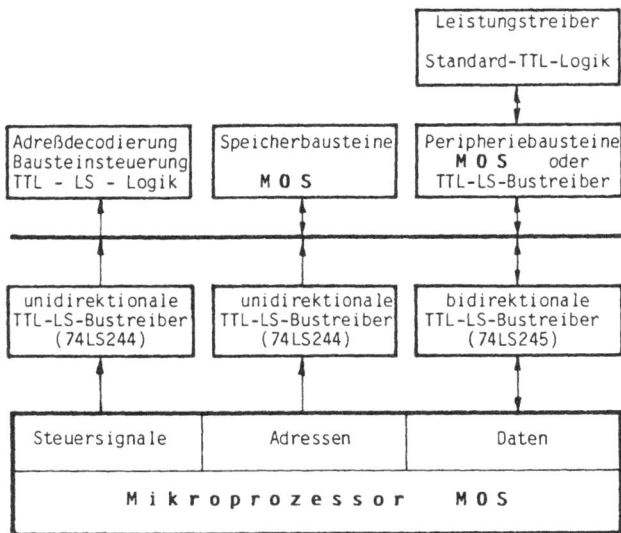

Bild 3-18: Bausteine eines Mikrorechners

Der Mikroprozessor sowie die Speicher und meist auch die Peripherie bestehen aus hochintegrierten MOS-Bausteinen. Für die Bausteinauswahl und Steuerung verwendet man vorzugsweise TTL-LS-Logikbausteine. An den Eingängen und Ausgängen der Peripheriebausteine dienen Standard-TTL-Bausteine als Leistungstreiber und für externe Logikverknüpfungen. Bei umfangreichen Speicher- und Peripherieschaltungen sowie bei Bauplattensystemen setzt man TTL-LS-Bustreiber ein, um die Steuersignale, Adressen und Daten zu verstärken.

3.3 Der Mikroprozessor 6809

Dieser Abschnitt behandelt vorwiegend den Mikroprozessor 6809; die dazu pas-
senden Speicher- und Peripheriebausteine folgen in den   Abschnitten 3.4 und
3.5. Der Prozessor 6809 bildet mit anderen Prozessoren und Bausteinen eine
"Familie" von aufeinander abgestimmten Mikrocomputer-Bausteinen, aus denen
sich Mikrocomputer für fast alle Anwendungsfälle aufbauen lassen.

3.3.1 Die Familien der 68xx- und 65xx-Bausteine

Der Mikroprozessor 6809 gehört zu der Familie von Mikroprozessoren und Mikro-
computerbausteinen, die unter der Typbezeichnung 68xx von der Firma Motorola
und anderen Herstellern gefertigt und vertrieben wird. An dieser Stelle können
nur die wichtigsten Bausteine erwähnt werden, das Datenbuch "Microcomputer
Components" des Herstellers Motorola enthält die vollständigen Datenblätter
und Befehlslisten.

Der Baustein 6800 ist ein 8-Bit-Mikroprozessor, der in den Jahren 1974 bis
1975 eingeführt wurde. Er gilt als Großvater der 68xx-Familie und wird heute
in Neukonstruktionen nicht mehr verwendet. Der Abschnitt 3.3.7 zeigt die
wichtigsten Unterschiede zum Prozessor 6809.

Der Baustein 6801 ist ein Ein-Baustein-Mikrocomputer (Single-Chip). Er ent-
hält einen erweiterten 6800-Mikroprozessor, 128 Byte Schreib/Lesespeicher
(RAM), einen Zeitgeber (Timer), eine Serienschnittstelle (ACIA), eine Paral-
lelschnittstelle (PIA) und einen 2 KByte großen Festwertspeicher (ROM oder
EPROM). Er wird vorzugsweise für die Steuerung von kleinen Geräten wie z.B.
Druckern eingesetzt, bei denen es auf geringe Abmessungen ankommt.

Der Baustein 6802 ist ein 8-Bit-Mikroprozessor mit dem gleichen Register-
und Befehlssatz wie der Baustein 6800. Er enthält jedoch einen eingebauten
Taktgenerator sowie einen kleinen Schreib/Lesespeicher mit 128 Bytes. Fügt
man dem 6802 noch einen Festwertspeicher (z.B. 2716) für das Programm und
eine Parallelschnittstelle (z.B. 6821 PIA) hinzu, so erhält man ein aus drei
Bausteinen bestehendes Kleinsystem, das anstelle eines Ein-Baustein-Mikro-
computers für einfache Steuerungsaufgaben eingesetzt werden kann. Der Abschnitt 3.3.7 zeigt die Unterschiede zum 6809; der Abschnitt 3.7 zeigt den
Aufbau eines Klein- oder Minimalsystems mit dem Prozessor 6802.

Der Baustein 6809 ist ein gegenüber den Prozessoren 6800 und 6802 wesentlich
verbesserter 8-Bit-Mikroprozessor mit einer internen 16-Bit-Struktur. Mit seinem erweiterten Register- und Befehlssatz sowie zusätzlichen Adressierungsarten wird er vorzugsweise für größere Steuerungs- und Datenverarbeitungsauf-
gaben eingesetzt. Er gehört zu den fortschrittlichsten 8-Bit-Mikroprozessoren

und soll daher in diesem Buch schwerpunktmäßig behandelt werden. Für die
Prozessoren 6800 und 6802 werden nur die Abweichungen angegeben.

Der Baustein 68000 ist ein 16-Bit-Mikroprozessor mit einer internen 32-Bit-
Struktur, von der jedoch nur 16 Datenleitungen herausgeführt werden. Die Ausführung 68008 hat nur 8 Datenleitungen und wird daher als 8-Bit-Mikroprozes-
sor eingestuft. Die Ausführung 68020 ist ein 32-Bit-Mikroprozessor mit 32
Datenleitungen. Alle drei 68000-Prozessoren haben einen fast identischen Regi-
ster- und Befehlssatz und unterscheiden sich nur in der Länge des Datenbus
voneinander.

Als Peripheriebausteine werden die Parallelschnittstelle 6821 (PIA), der Zeitgeber (Timer) 6840 und die Serienschnittstelle 6850 (ACIA) im Abschnitt 3.5
näher beschrieben.

Die Bausteinfamilie 65xx enthält den 8-Bit-Mikroprozessor 6502 mit einem
Register- und Befehlssatz, der z.T. größere Unterschiede zu den Prozessoren
der 68xx-Familie aufweist. Es bestehen jedoch wesentliche Übereinstimmungen
im zeitlichen und elektrischen Verhalten (Bus-Timing), so daß die Peripheriebausteine der 65xx-Familie ohne Schwierigkeiten mit den Prozessoren der 68xx-
Familie zusammenarbeiten können. Der Abschnitt 3.5 beschreibt daher auch die
Parallelschnittstellen 6522 (VIA) und 6532 (RIOT) sowie die Serienschnittstelle 6551 (ACIA) aus dem "Data Book" der Herstellerfirma Rockwell.

3.3.2 Aufbau und Anschlußbelegung des Prozessors 6809

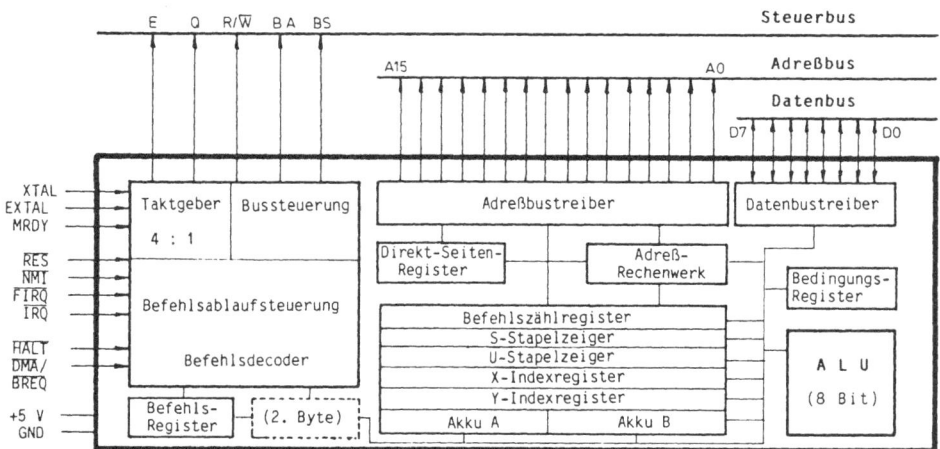

Bild 3-19: Blockschaltplan des Mikroprozessors 6809

Dieser Abschnitt gibt zunächst einen Überblick über den Aufbau und die Anschlüsse des Prozessors. **Bild 3-19** zeigt den Blockschaltplan mit allen An-
schlußleitungen. Die Stiftbelegung befindet sich im Anhang.

Der Prozessor 6809 ist, gemessen an der Breite des äußeren Datenbus, ein 8-
Bit-Prozessor; der interne Datenbus, der die Register miteinander verbindet,
und die Register sind jedoch 16 Bit breit und ermöglichen 16-Bit-Operationen.
Die beiden 8-Bit-Akkumulatoren lassen sich zu einem 16-Bit-Akkumulator zu-
sammenschalten. Die Arithmetisch-logische Einheit (ALU) verarbeitet die Daten; im Bedingungsregister werden Sprungbedingungen als Ergebnis arithmeti-
scher Operationen gespeichert. Das Adreßrechenwerk berechnet Befehls- und
Datenadressen aus den 16 Bit langen Adreßregistern (Befehlszähler, Stapelzei-
ger und Indexregister). Mit dem Direkt-Seiten-Register kann das höherwertige
Byte der Adresse fest eingestellt werden. Die Funktionscodes der Befehle sind
acht Bit lang und werden mit Hilfe des Befehlsregisters dem Befehlsdecoder
zugeführt. Im Gegensatz zu den Prozessoren 6800 und 6802 kann der Grundcode
des Befehls durch ein weiteres Byte ergänzt werden. Dadurch ergeben sich
weitere Befehle und Adressierungsarten.

Die Versorgungsspannung beträgt +5 Volt; die Stromaufnahme maximal 200 mA
(1 W). Die Eingänge XTAL und EXTAL dienen zum Anschluß eines Quarzes
oder Schwingkreises oder externen Taktgeneratos. Der eingebaute Taktgenerator erzeugt über einen 4:1-Frequenzteiler einen Zweiphasentakt für die innere
Prozessorsteuerung; herausgeführt werden der Takt E für die Freigabe der angeschlossenen Bausteine und ein zeitlich versetzter Takt Q. E bedeutet "Enable
gleich freigeben". Das E-Signal des 6809 entspricht dem Takt ϕ2 des Prozessors 6800. Q bedeutet "Quarter gleich um 1/4 Periode versetzter Takt". Ein
Quarz von 4 MHz liefert einen Systemtakt von 1 MHz. Dabei werden Kondensa-
toren von 24 pF von den Anschlüssen XTAL und EXTAL gegen Masse (Ground)
empfohlen. **Bild 3-20** zeigt die verschiedenen Ausführungen des Prozessors.

Typ	Quarz	Takt	Zykluszeit	Kondensator
6809	4 MHz	1 MHz	1000 ns	24 pF
68A09	6 MHz	1,5 MHz	667 ns	20 pF
68B09	8 MHz	2 MHz	500 ns	18 pF
6809E	externer Taktgenerator		1 1,5 2 MHz	

Bild 3-20: Ausführungen des Prozessors 6809

Die Standardausführung arbeitet mit einem 4-MHz-Quarz und einem Systemtakt von 1 MHz. Die Ausführung mit dem Zusatz A arbeitet mit einem Systemtakt von 1,5 MHz und die Ausführung mit dem Zusatz B mit 2 MHz. Die gleichen Bezeichnungen A und B gelten auch für alle anderen Bausteine der Familie 68xx. Bei den Peripheriebausteinen der 65xx-Familie kennzeichnet der
Buchstabe A die 2-MHz-Version. Die CMOS-Version wird mit C bezeichnet.

Der Takt E dient zur zeitlichen Steuerung der Datenübertragung über den Datenbus. Mit der fallenden Flanke des Signals werden die Daten vom Prozessor bzw. von den Speicher- und Peripheriebausteinen übernommen. Mit dem Eingang MRDY kann diese Flanke zeitlich bis zu 10 µs verzögert werden. Da während dieser Zeit die Zustände auf den Busleitungen erhalten bleiben, kann der Prozessor mit langsamen Bausteinen zusammenarbeiten. MRDY bedeutet "Memory Ready gleich Speicher bereit".

Die Ausgänge A0 bis A15 liefern eine 16-Bit-Adresse, mit der 64 KBytes oder 65536 Bytes adressiert werden können. Die Datenleitungen D0 bis D7 können in beiden Richtungen betrieben werden und dienen zur Übertragung von Daten und Befehlen zwischen dem Prozessor und den am Bus liegenden Bausteinen. Nach Angaben des Herstellers sind die Ausgangstreiber mit 1 Schottky-TTL-Last (LS) und 90 pF kapazitiv belastbar; bei ausgeführten Schaltungen zeigte es sich jedoch, daß auch 1 Standard-TTL-Last oder 2 Schottky-TTL-Lasten angeschlossen werden konnten.

Der Ausgang R/$\overline{\text{W}}$ zeigt die Richtung der Datenübertragung an. R bedeutet "Read gleich Lesen"; W bedeutet "Write gleich Schreiben". Bei R/$\overline{\text{W}}$ = HIGH liest der Prozessor Daten aus den angeschlossenen Bausteinen; bei R/$\overline{\text{W}}$ = LOW schreibt der Prozessor Daten in die Bausteine. Da der Ausgang in den Tristate-Zustand gehen kann, sollte er für den Fall, daß er nicht mit TTL-Bausteinen beschaltet ist, mit einem Widerstand von 3,3 KOhm gegen +5 Volt auf HIGH gehalten werden, um ein unbeabsichtigtes Beschreiben von Speichern zu verhindern.

Der Eingang $\overline{\text{RESET}}$ dient zum Zurücksetzen des Prozessors in einen Anfangszustand. Dabei wird ein Programm gestartet, dessen Anfangsadresse auf den beiden höchsten Adressen des Speichers ($FFFE und $FFFF) abzulegen ist. Mit dem gleichen Signal, das mit einem entprellten Taster erzeugt werden kann, lassen sich auch die Peripheriebausteine in einen Anfangszustand versetzen.

Die Eingänge $\overline{\text{NMI}}$ (Non Maskable Interrupt gleich nicht sperrbare Programmunterbrechung), $\overline{\text{IRQ}}$ (Interrupt Request gleich Anfordern einer Programmunterbrechung) und $\overline{\text{FIRQ}}$ (Fast Interrupt Request gleich schnelle Interruptanforderung) dienen dazu, ein Programm nach Beendigung des gerade ausgeführten Befehls zu unterbrechen, um ein neues Programm zu starten. Die Startadressen der Interruptprogramme werden wie die RESET-Startadresse von den obersten Adressen des Speichers geholt.

Mit dem Eingang $\overline{\text{HALT}}$ kann der Prozessor nach Beendigung des laufenden Befehls in einen Haltzustand versetzt werden, in dem sich die Adreß- und Datenleitungen sowie das R/$\overline{\text{W}}$-Signal in einem hochohmigen Zustand (tristate) befinden, so daß andere Prozessoren bzw. Steuerbausteine auf den Bus zugreifen können.

Der Eingang $\overline{\text{DMA/BREQ}}$ bringt den Prozessor während der Ausführung eines

Befehls in den hochohmigen Haltzustand, der jedoch nach 14 Zyklen vom Prozessor kurzzeitig unterbrochen wird, um die dynamischen Schaltungen des Prozessors wiederaufzufrischen. DMA bedeutet "Direct Memory Access gleich direkter Speicherzugriff". BREQ bedeutet "Bus Request gleich Busanforderung".

Die Ausgänge BA und BS zeigen entsprechend **Bild 3-21** den Betriebszustand des Prozessors an.

BA	BS	Betriebsart
0	0	normaler Betrieb mit Buszugriff
0	1	Buszugriff auf Reset- und Interruptadresse
1	0	Bus freigegeben durch SYNC-Befehl
1	1	Bus freigegeben durch $\overline{\text{HALT}}$ oder $\overline{\text{DMA/BREQ}}$

Bild 3-21: Bus-Zustandssignale des Prozessors 6809

BA bedeutet "Bus Available gleich Bus verfügbar". Bei BA = LOW ist der Bus vom Prozessor belegt; für BA = HIGH ist der Bus für andere Prozessoren oder Steuerbausteine verfügbar, da der Prozessor seine Ausgangstreiber (Adressen, Daten und R/$\overline{\text{W}}$) in den Tristate-Zustand gebracht hat. BS bedeutet "Bus Status gleich Bus-Zustand". Der Bus kann auch vom Programm durch den Befehl SYNC gleich "Synchronisiere mit einem äußeren Ereignis" in den Tristate-Zustand gebracht werden, der dann durch einen Interrupt wieder verlassen wird.

Der Prozessor 6809 kennt folgende Betriebszustände, die in den nächsten Abschnitten ausführlich besprochen werden:

1. Normaler Programmablauf mit Zugriff auf Speicher- und Peripheriebausteine,

2. Programmunterbrechung durch $\overline{\text{RESET}}$ bzw. Interrupt und Starten von Unterbrechungsprogrammen,

3. Halten und Warten durch die Signale MRDY, $\overline{\text{HALT}}$ und $\overline{\text{DMA/BUSREQ}}$ bzw. durch die Befehle SYNC und CWAI.

3.3.3 Der Zugriff auf Speicher- und Peripheriebausteine

Im Gegensatz zu anderen Mikroprozessoren (8085 und Z80) kennen die Prozessoren der 68xx-Familie keine Sonderbefehle für den Zugriff auf Peripheriebausteine; diese werden wie Speicherbausteine adressiert. **Bild 3-22** zeigt ein einfaches 6809-System bestehend aus dem Prozessor 6809, einem Speicherbaustein mit einem Testprogramm, einem Peripheriebaustein zur Ausgabe von Daten und einem Adreßdecoder.

Speicherbaustein	
Adresse	Inhalt
$F000	86
$F001	55
$F002	B7
$F003	C9
$F004	01
$F005	20
$F006	FB

Peripheriebaustein
Datenregister

$C901   5 5

Adreß-
decoder

Steuerbus

Adreßbus

Datenbus

F002/.....F006   C901

Befehlszähler   Adreßregister

PC + Abst. => PC

Adreßrechenwerk

Code   55

Befehlsregister   **6809**   Akkumulator

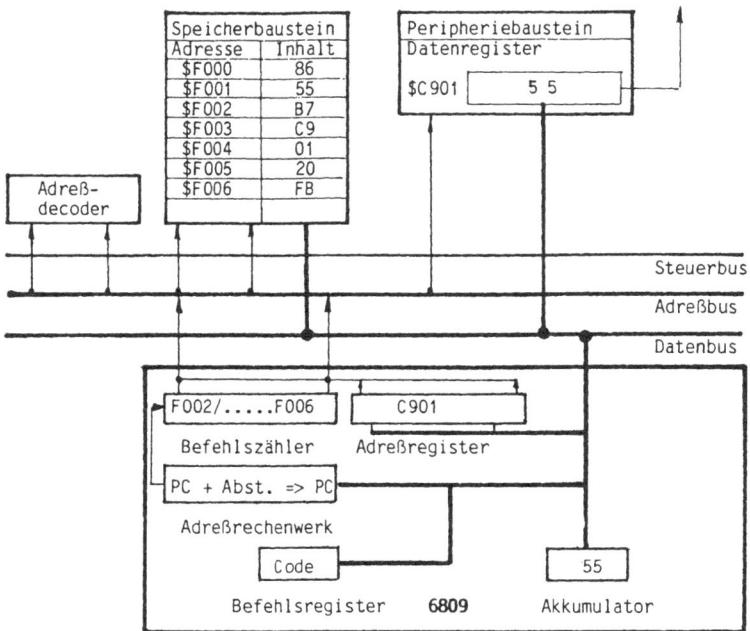

Bild 3-22: Mikroprozessor 6809 mit Speicher- und Peripheriebausteinen

Der Speicherbaustein enthält ein Testprogramm, das in einer unendlichen Schleife Daten aus dem Akkumulator A in ein Datenregister des Peripheriebausteins speichert. Der Peripheriebaustein sendet die Daten weiter an ein Bildschirmgerät. Das Befehlszählregister des Prozessors adressiert die Programmbytes, die aus dem Programmspeicher über den Datenbus in den Prozessor gelesen werden. Die Funktionscodes der Befehle gelangen in das Befehlsregister, Datenadressen werden in einem Adreßregister zwischengespeichert. Das Adreßrechenwerk berechnet aus dem Inhalt des Befehlszählregisters und einem Abstand die Sprungadresse für den Sprungbefehl. Bei der Ausführung eines Speicherbefehls wird der Inhalt des Akkumulators über den Datenbus in den Peripheriebaustein geschrieben. Der Adreßdecoder unterscheidet zwischen den beiden Bausteinen, wenn vom Prozessor eine Adresse auf den Adreßbus gelegt wird. **Bild 3-23** zeigt den zeitlichen Ablauf der Testschleife ohne den ersten Befehl, der nur einmal beim Start des Programms ausgeführt wird.

Der 1. Befehl "LDA #$55" lädt den Akkumulator A mit dem Bitmuster 01010101, das zur hexadezimalen Konstanten 55 zusammengefaßt wurde. Allen Hexadezimalzahlen wird das Zeichen "$" vorangestellt; das Zeichen "#" kennzeichnet konstante Werte. Dieser Befehl wird nicht im Impulsdiagramm dargestellt.

```
        Adresse  Inhalt  Name   Befehl  Operand
                                 ORG     $F000
        F000     86      START  LDA     #$55
        F001     55
        F002     B7      LOOP   STA     $C901
        F003     C9
        F004     01
        F005     20             BRA     LOOP
        F006     FB
                                 END
```

	Befehl STA					Befehl BRA		
E	T1	T2	T3	T4	T5	T1	T2	T3

AB

F002	F003	F004	FFFF	C901	F005	F006	FFFF

AO

DB

B7	C9	01	XX	55	20	FB	XX

DO

R/W̄

BA

BS

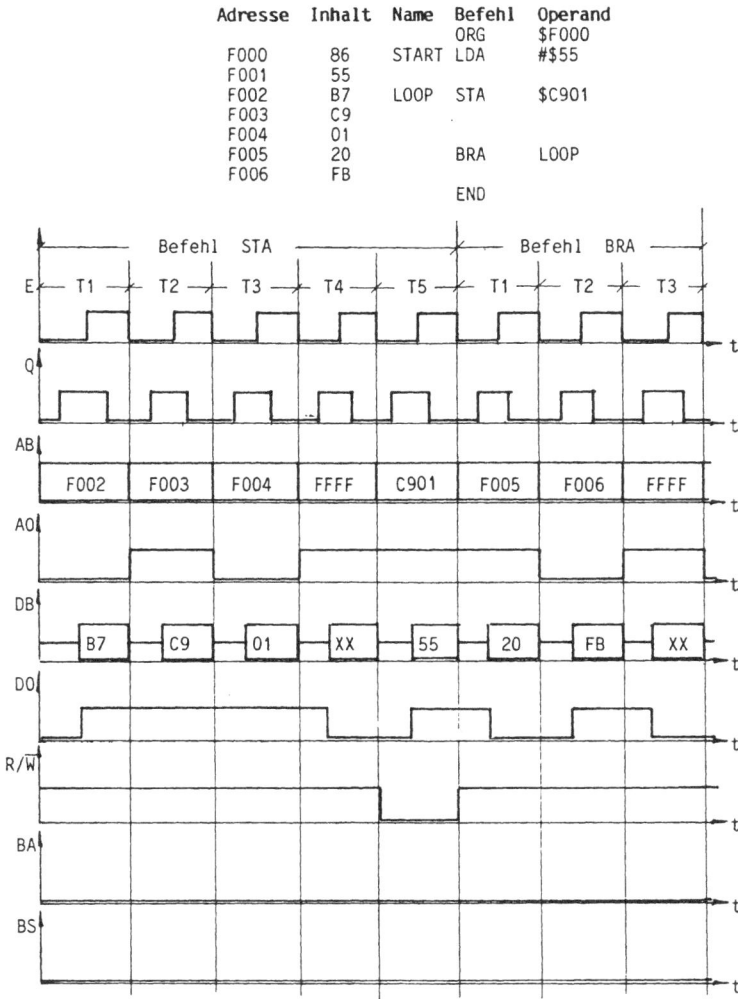

Bild 3-23: Impulsdiagramm einer Testschleife

Der 2. Befehl "STA $C901" speichert den Inhalt des Akkumulators A, also die Konstante $55, in das Datenregister des Peripheriebausteins. Testet man das Beispielprogramm mit dem Übungssystem (Abschnitt 3.8), so befindet sich dort auf der Adresse $C901 das Senderegister einer Serienschnittstelle, das die Konstante $55 als Buchstaben "U" an das angeschlossene Bildschirmgerät sendet.

Der 3. Befehl "BRA LOOP" ist ein Sprungbefehl zum 2. Befehl des Testprogramms. Das zweite Byte des Befehls besteht aus der hexadezimal verschlüsselten Zahl "-5", dem Abstand zum Sprungziel.

Das Impulsdiagramm zeigt den zeitlichen Verlauf der Takte E (Freigabe) und Q (versetzter Takt) des Prozessors sowie die Signale R/$\overline{W}$ (Lesen/Schreiben), BA (Bus verfügbar) und BS (Bus Zustand). Für den Adreßbus (16 Leitungen) und den Datenbus (8 Leitungen) konnten aus Platzgründen nicht die Zustände der einzelnen Leitungen dargestellt werden, sondern die Signale wurden hexadezimal zusammengefaßt. Führt z.B. der Datenbus im 1. Takt den hexadezimalen Wert B7, so entspricht dies dem Bitmuster 10110111 und damit den Leitungszuständen D7 = HIGH, D6 = LOW, D5 = HIGH, D4 = HIGH, D3 = LOW, D2 = HIGH, D1 = HIGH und D0 = HIGH. Für die Adreßleitung A0 und die Datenleitung D0 wurden die Zeitverläufe dargestellt. In der ersten Hälfte eines Taktes ist der Datenbus im Tristate-Zustand. In der hexadezimalen Zusammenfassung erscheint ein "mittleres" Potential, bei der Darstellung des Zustandes der Leitung D0 wird jedoch davon ausgegangen, daß die Leitung ihr altes Potential beibehält.

<u>Der Befehl "STA $C901" wird in fünf Takten ausgeführt.</u>

Im Takt T1 liest der Prozessor den Funktionscode des Befehls aus dem Programmspeicher und übernimmt ihn mit der fallenden Flanke des Taktes E. Dieser Takt ist ein Lesezyklus.

Im Takt T2 decodiert (entschlüsselt) der Befehlsdecoder des Prozessor den Code und stellt die Art des Befehls fest. Erst dann kann das Steuerwerk entscheiden, ob weitere Befehlsbytes zu holen sind. Während der Decodierung liest der Prozessor jedoch schon das auf den Code folgende Byte, in diesem Fall den höherwertigen Teil der Datenadresse. Dieser Takt ist ein Lesezyklus.

Im Takt T3 ist die Decodierung des Funktionscodes beendet und damit der Ablauf des Befehls bekannt. Der Prozessor liest den niederwertigen Teil der Datenadresse. Dieser Takt ist ein Lesezyklus.

Im Takt T4 laufen im Prozessor interne Vorgänge ab, bei denen der Bus nicht benötigt wird. Der Prozesor sendet die Adresse $FFFF aus. Dieser Takt wird als $\overline{VMA}$-Zyklus bezeichnet.

Im Takt T5 sendet der Prozessor die Datenadresse aus und legt den Inhalt des Akkumulators A auf den Datenbus. Dieser Takt ist ein Schreibzyklus, die Leitung R/$\overline{W}$ liegt auf LOW.

<u>Der Befehl "BRA LOOP" wird in drei Takten ausgeführt.</u>

Im Takt T1 liest der Prozessor den Funktionscode des Befehls aus dem Programmspeicher und übernimmt ihn mit der fallenden Flanke des Taktes E. Dieser Takt ist ein Lesezyklus.

Im Takt T2 decodiert (entschlüsselt) der Befehlsdecoder des Prozessors den Code und stellt die Art des Befehls fest. Erst dann kann das Steuerwerk entscheiden, ob weitere Befehlsbytes zu holen sind. Während der Decodierung liest der Prozessor schon das auf den Code folgende Byte, in diesem Fall den Abstand zum Sprungziel. Dieser Takt ist wieder ein Lesezyklus.

Im Takt T3 ist die Decodierung des Funktionscodes beendet. Das Adreßrechenwerk berechnet aus dem Stand des Befehlszählers und dem Abstand, der im Takt T2 eingelesen wurde, die Adresse des nächsten Befehls. Da der Bus in diesem Takt nicht benötigt wird, sendet der Prozessor die Adresse $FFFF aus. Dieser Takt ist ein $\overline{\text{VMA}}$-Zyklus.

Bild 3-23 enthält keine Angaben über Schaltzeiten. Diese hängen von der Taktfrequenz (Quarz) und von der kapazitiven Belastung der Leitungen ab. Sie können den Datenblättern der Hersteller entnommen werden. Zur Orientierung zeigen die beiden folgenden Bilder eine vereinfachte Darstellung für einen Takt von 1 MHz (Quarz 4 MHz). **Bild 3-24** zeigt einen Lesezyklus.

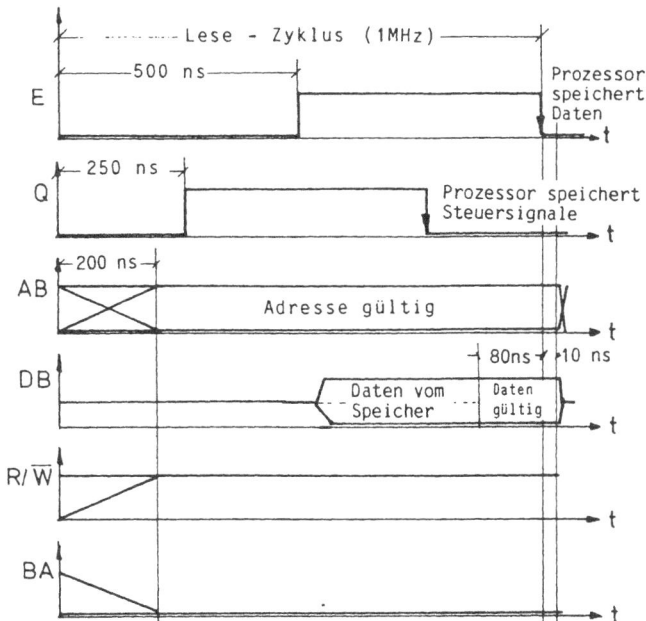

Bild 3-24: Lesezyklus des Prozessors 6809 bei 1 MHz

In einem Lesezyklus sendet der Prozessor eine Adresse und R/$\overline{\text{W}}$ = HIGH (Lesen)
aus und bringt die Ausgangstreiber der Datenleitungen in den Tristate-Zustand.
Die Adreß- und Steuerleitungen werden in den ersten 200 ns stabil. Die steigende Flanke des Taktes Q zeigt an, daß alle Ausgangssignale des Prozessors
gültig sind. Die Eingangs-Steuersignale $\overline{\text{RESET}}$, $\overline{\text{HALT}}$ und Interrupt werden
mit der fallenden Flanke des Taktes Q vom Prozessor übernommen. Bei einem
Lesezyklus muß ein Speicher- oder Peripheriebaustein die Daten auf den Datenbus legen. Der Prozessor speichert den Zustand des Datenbus mit der fallenden
Flanke des Taktes E. Die Daten müssen 80 ns vor der Flanke (Vorbereitungszeit) und 10 ns nach der Flanke (Haltezeit) stabil sein. **Bild 3-25** zeigt einen
Schreibzyklus.

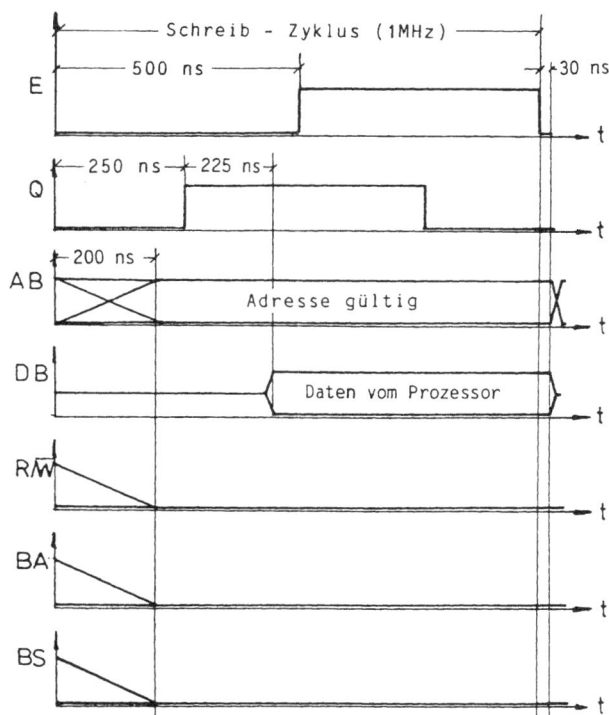

Bild 3-25: Schreibzyklus des Prozessors 6809 bei 1 MHz

In einem Schreibzyklus sendet der Prozessor eine Adresse und R/$\overline{\text{W}}$ = LOW
(Schreiben) aus. Wie bei einem Lesezklus werden die Adressen und Steuerleitungen in den ersten 200 ns des Taktes stabil; der Takt Q zeigt an, daß die
Ausgangssignale gültig sind; die steigende Flanke von Q speichert die Eingangs-Steuersignale. In der ersten Hälfte des Schreibzyklus ist der Datenbus
tristate (Takt E = LOW); in der zweiten Hälfte (Takt E = HIGH) führt er die